U0376386

纸板艺术

——家具/生态设计/建筑

[法] 奥利维埃·勒布鲁瓦　著

治棋　译

中国建筑工业出版社

著作权合同登记：01-2018-4951号

图书在版编目（CIP）数据

纸板艺术——家具/生态设计/建筑 /（法）勒布鲁瓦
著；治棋译. — 北京：中国建筑工业出版社，2018.10
ISBN 978-7-112-22657-3

Ⅰ.①纸… Ⅱ.①勒… ②治… Ⅲ.①纸 — 材料 — 工业
设计 — 作品集 — 世界 — 现代 Ⅳ.①TB47

中国版本图书馆CIP数据核字（2018）第209828号

Carton: Mobilier, éco–design, architecture / Olivier Leblois
Copyright © Editions Parenthèses, Marseille 2008
Translation copyright © China Architecture & Building Press

本书由法国 Editions Parenthèses 出版社授权翻译出版

责任编辑：姚丹宁
责任校对：王 烨

纸板艺术 ——家具/生态设计/建筑
[法] 奥利维埃·勒布鲁瓦 著
治 棋 译

　　　　*
中国建筑工业出版社出版、发行（北京海淀三里河路9号）
各地新华书店、建筑书店经销
北京点击世代文化传媒有限公司制版
北京富诚彩色印刷有限公司印刷
　　　　*
开本：889×1194毫米 1/20 印张：8 字数：248千字
2018年12月第一版 2018年12月第一次印刷
定价：95.00元
ISBN 978-7-112-22657-3
　　　（27651）

版权所有 翻印必究
如有印装质量问题，可寄本社退换
（邮政编码 100037）

始料未及的冒险

1993年春天，为了帮一个设计师朋友充实他的作品名录，我受装饰艺术启迪，设计了一把木质扶手椅。我只想做一个与实物一般大的模型，好测试一下它的比例是否准确。机缘巧合，当晚，在一家中餐馆吃完饭，回家路过一间车行时，正赶上他们把宽大的车门包装壳扔进废品箱。我把这些包装壳搬上了楼，拿回家里用作原材料，制成了这件1：1比例的模型。那是一种简单的沟槽瓦楞纸，沟槽厚度5毫米。用它做成扶手椅我还真费了点劲。我把它们做成双层对折纸板，把一层嵌进另一层里面，试图以此来适应这种材料的性质。

结果，做出来的靠背椅形状奇丑，摇摇欲坠，一点也不能令我振奋。但让我大吃一惊的是，当我小心翼翼地坐到上面时，这种嵌入式结构居然禁住了我的体重，而且舒适程度令人赞叹。

接下来的一分钟，我已经忘记了我所追求的初衷，开始思索起这个鼓舞人心的怪物。

随后两星期，我一直在埋头苦干，来来回回做着十分之一比例的模型与实物大小的模型，每天都要把好几箱的纸板边角料清到楼下，地毯饱受涂炭，地板也未能幸免。我不敢自比贝尔纳·帕利西（BERNARD PALISSY，1510～1590年，法国陶瓷艺术家、画家、玻璃雕刻家、作家、学者——译者注），但我必须承认，作为一名潜在的发明家，在为这张我自以为天下首创的纸板扶手椅如痴如狂时，我也经常会废寝忘食，对周围的人事物事浑然不觉。

经过努力，我居然做出了三角梁，替代了第一次试验时只是简单对折的小玩意儿。为了把两个纸板零件彼此锁住，我前面提到那家中餐馆的筷子关键时刻帮了大忙。

纸板扶手椅就此诞生，但冒险才刚刚开始，因为，这样的靠背椅谁来制作？谁来贩卖？谁来商业化？我不是设计师，对这些渠道没什么概念，也没什么关系。而且还有一条我不知道，我远不是投身纸板家具冒险的第一人，很多创作者早已走在了我的前面。

目　录

第四章

纸板家族 **101**

第一章

纸板材料

纸浆的历史

　　有一个令人深信不疑的传说，把纸张之父的称号授予了生活在公元 105 年的蔡伦，当时，他在中华帝国首都洛阳的皇宫大内担任大臣。不过，最近的考古发现证明，纸张作为图文载体至少从公元前 2 世纪就已经开始使用——然而，仅仅自公元 3~4 世纪，它才开始在中国普及开来。

　　纸张发明极其漫长的渐进过程起始于对纤维素纤维纸浆的发现，时间比我们认为的久远得多。自公元前 6 世纪起，中国人就开始用最原始的纸板制作各种用品，最著名的例子就是孔夫子弟子所戴的帽子。通过锤打植物获得植物毛布的史前起源学说遍布世界各地。埃及的纸莎草、大洋洲的塔巴布（TAPA，在非织造布料上通过染印形成的装饰品），都是这项技术依然鲜活的表现形式。我们还可以注意一下胡蜂，为了筑巢，它们会通过咀嚼木头分泌出一种纸板状物质。如果说，这种天然材料似乎没能给先人们带来启迪，那么，它却激起了当代研究人员的好奇心。

　　所以，中国的造纸者势必经过了漫长的时间和众多的发展阶段才以这种植物纸浆制成了他们的杰作，也就是既细腻又平滑的白色纸页，只是形状多少有些欠精致。从古至今，纸张与纸板都属于中国司空见惯的日常用品。人们用它制造包装材料、衣服和鞋子、家具与餐具、折扇与阳伞、纸牌、手绢、纸钱、纸币或者卫生纸、挡板，甚至甲胄。

　　相反，纸张作为书写载体走出中国国门征服全世界的例子则几乎绝无仅有。在西方，直到 20 世纪，纸浆的应用才开始出现了显著的多样化。当前，法国一半以上的纸浆都用于制造包装与卫生材料。

　　一般来说，我们总是试图把纸张的小历史与世界的大历史重合在一起。比如，按照传统说法，这项珍贵技艺的奥秘是通过公元 751 年到撒马尔罕（SAMARKANDE，中亚地区历史名城，现为乌兹别克斯坦第二大城市——译者注）附近的塔拉兹（TALAS，中亚古城，位于今哈萨克斯坦南部——译者注）前来保卫其番臣国的中国战俘泄露给阿拉伯人的。这场战役虽然堪称两种文明之间十分罕见的接合点之一，但阿拉伯人早在一个世纪前就占领了萨桑（SASSANIDE，公元 224-651 年统治波斯的王朝——译者注）波斯帝国的首都泰西封（CTESIPHON，接近现巴格达市），很久以前，那里的官僚们在文牍主义的压迫下就已经土崩瓦解了。

在民航飞机发明之前，纸张的发明就已经以思想的飞行速度四处传播了。纸张开始从中国向四面八方逐渐扩散，或取道商路，或跟随军队，吸引了各门各派的宗教，作为管理机关的官方书写载体迅速扩大着影响力。公元 3 世纪，它开始抵达印度支那半岛和西藏地区，4 世纪抵达朝鲜，7 世纪抵达中亚、印度和日本，10 世纪抵达北非，11 世纪抵达穆斯林治下的安达卢西亚（ANDALOUSIE），12 世纪抵达西西里岛（SICILE，纸张是在十字军返回欧洲时从东方带到这里的），13 世纪抵达意大利，14 世纪抵达法国和德国，15 世纪抵达英国和葡萄牙，16 世纪抵达俄罗斯，殖民统治者又把它带到了世界其他地区。

当然，造纸术沿途也在不断入乡随俗、改头换面。它首先在朝鲜和日本得到了最大程度的改良。在那里获得了新工艺、新材质、新用途、新生活方式。纸质挡板、日本折纸术、风筝，还有被能剧（THEATRE NO，佩戴面具演出的一种日本古典歌舞剧，系日本独有的舞台艺术——译者注）运用得有板有眼的灯笼和折扇……悉数成为纸张在远东无处不在的证明。它们不仅与生活紧密相连，而且居然拥有了神秘的一面。这种精神层面的存在还每每伴随着与纸相关的一举一动，从最平常到最庄重的动作无一例外。日本纸（"和纸"，WASHI）——在 19 世纪西方人进入日本时便明确成为日本的文化象征——不仅加入了树脂（胶乳，LATEX），作为纤维之间的黏合剂，而且采用了一项纤维交织技术，为纸张赋予了更大的强度，特别是耐折度。借助植物煎煮，"和纸"不仅被染上颜色，还做好了防虫与防霉处理。今天，日本和韩国完全像西方社会一样，机制纸浆的消费量年年增长。在日本，《朝日新闻》（ASAHI SHIMBUN）日报每天早上的印数高达 800 万份（而《纽约时报》[NEW YORK TIMES] 的印数只有 100 万份，《世界报》[LE MONDE] 只有 50 万份）。

当时的亚洲，造纸业直到 19 世纪始终都是崇尚操作动作标准化的手工劳动，而阿拉伯世界已经开始通过使用风车达到了制作工艺的机械化。同样，在西方，纸张也即将经历并引发巨大的变化。从蹒跚起步的文艺复兴开始，纸张便与历史进步的齿轮啮合在了一起。自 15 世纪与印刷术结合到一起后，纸张便传播并吸取了各种各样的革新创造，从技术层面（化学、机械化）到思想层面。

长期以来，亚麻、大麻以及棉花废料一直都是纸浆的原材料，直到 20 世纪初还在养活着从破烂王到各种传奇无所不包的拾荒大军。有一件事让我觉得很有意思，造纸行业成了工业品再生利用最早的例证之一。尽管使用机器极大地便利了布片的开松（最初是用木槌敲打，自 1673 年起改用打浆机），但纸张毕竟是由手工一张一张制造出来的，而且规格固定（45 厘米 ×65 厘米），直到 18 世纪末都属于稀有珍贵产品。

从 18 世纪起，布片的稀缺开始成为问题。19 世纪初，原料的匮乏到了危急关头，在试过了石棉和裹尸布等希望不大的各种材料后，造纸者们重新发现了植物纤维。木浆纤维的使用导致了劣质布片的终结；它的使用因弗里德里希·格特罗普·凯勒（FRIEDRICH GOTTLOB KELLER，1816 ~ 1895 年，德国机械师、发明家——译者注）于 1884 年所作的发明以及 H·伏尔特（H VOLTER）和 J·M·福伊特（J M VOITH）所做的实践而成为了可能。后来，化学家弗朗索瓦·安塞姆·帕颜（FRANCOIS ANSELME PAYAN）找到了一种提取纤维素的工艺。目前，有 90% 的纸张都来自木材。

19 世纪中叶，无论是在欧洲还是在美国，纸浆的手工业生产想必都得到了应有的合理化运用与不断增强。这个产业迅速变成了一种重工业。1799 年，路易·尼古拉·罗伯特（LOUIS NICOLAS ROBERT）为第一台连续造纸机（最长可达 12 米）申请了专利，为大规模生产奠定了基础；但为这一工艺赋予可行性的主要是布里安·唐金（BRYAN DONJIN）以及福尔德尼埃（FOURDRINIER）兄弟。

　　从那时起，在日益增长的需求拉动下，纸张的生产历史便成了一场百米赛跑。1908 年时，每分钟可以生产 165 米新闻纸；1935 年，每分钟达到了 425 米，1958 年达到 1000 米，2000 年达到了 1800 米。今天，越来越庞大的机器已经把造纸工业变成了营业额最高的行业之一。与此同时，研究领域还在不断进行着创新：相纸、复写纸、硫酸纸、过滤纸、微波炉用食品纸盒……都被列进了适用于各种用途的丰富产品名录。

　　自 20 世纪中叶起，为了吸引客户并且保护消费产品，这个消费型社会生产并吞噬了数量巨大的纸浆。手提式无胶组合啤酒盒、装饮料的可再生砖形纸盒、单包装纸袋，还有保鲜杯。既有导流口，开合又方便，堪称劳动经济学与逼真假象的神奇结晶，也是工程师、艺术家与商业专家的集体智慧。设计绝妙，用完就扔。包装物已经成为覆盖在我们日常生活躯体上的一张表皮，未来的考古学家肯定会从这里入手，去研究我们这些现代人富于深意的思维轨迹。作为运输与销售的物流计量单位，包装材料上同样带有被保护产品的身份识别内容。它必须明确显示所有法定信息：原产国、有效期、使用注意事项、条形码，等等。此外，按照我们的估算，如果商品是以散装形式进行保存和运输的，就会招致超过 50% 的浪费。因此，如何提高包装效果便成了我们面临的重大抉择。从制造到丢弃，有一整套越来越精细的标准化、指令化机制正在试图决定包装物的命运。

　　如果说，时至今日，患上巨人症的造纸产业已经把不容回避的生态问题摆到了我们面前，那么，它所开发出的那些产品如此具有竞争力，以至于设计师甚至建筑师们自 20 世纪 60 年代起就认为它们具备了完全的可行性。1963 年，彼得·默多克（PETER MURDOCH，1940 年出生于英国，英国家具设计师——译者注）设计了斑点座椅（SPOTTY）并随即投入销售，这是一款用沟槽纸板做成的、造价低廉的靠背椅，因为与时代同步，故而取得了巨大成功。同年，安迪·沃霍尔（ANDY WARHOL，1928 ~ 1987 年，美国艺术家——译者注）直截了当地展出了一只布里奥（BRILLO）牌包装箱。他把商业用包装物直接当成艺术品，并且这样描述他的工作方式："我之所以这样画，是因为我想成为一台机器"。

　　纸浆最新出现的变化完全与环境命题有关：那就是如何再利用与

如何洗"干净"（也就是没有污染）。目前，纸张是我们再利用得最好的一种材料。如果你知道欧洲的纸张有 30% 来自垃圾，你就能估计出造纸者们在组织回收时能获得多大的利益，更何况他们的这种行为还能得到政府的资助。比起对与印刷出版相关企业所进行的义务性、强制性回收，挨家挨户上门收购的份额依然显得微不足道。废旧的纸张与纸板——正式名称为可回收纤维素纤维（FCR）——被打成大包，放到纸浆分离机的水中分解。钉书钉被磁铁一一挑出，塑料和胶纸则被高压分拣系统挑出。墨水被加热洗涤剂洗净。经过一系列的处理，废纸中的纤维便达到了可被再加工的标准。随即便进入化学漂白工序，在这道工序中，氧开始日益取代氯，污染极重的亚硫酸氢盐早已弃之不用，换成了硫酸盐。最后，就像最初形态一样，经过烘干，纸张表面便被施胶添加剂以及最高能占到成品纸张重量 35% 的矿物质（高岭土、滑石粉……）处理得既平展又光滑。与我们的成见相反，再生纸张也可以达到很高的质量。

纸张废料有可能达到的极高利用价值及其生物降解性为纸浆的未来提供了保障，因为，生态成本最低的材料似乎不可避免地将在明天的经济中占有核心地位。造纸工业很可能还处于其发展历史的最初阶段，因为创新永无止境。另外，类似生态塑料以及生物降解塑料等材料很大程度上都是由植物纤维构成。目前，无论是作为包装物还是作为图文载体，没有任何材料能够与纤维素纸浆一争高下。在插上工业化翅膀后，纸张似乎又开始大量借助信息技术。经济学家发现，一个国家越是富有，它的新技术与纸浆消费量便越会增长。可以说，造纸工业与当今世界的发展完全同步。

轮转印刷机，1936 年。

"紧急"

照相凹版高速轮转印刷机
这样一台机器的复合滚轴可以在纸张滚筒上印出一种、两种、三种乃至四种颜色，每小时可印 15000 米。纸张规格最大可达 145 厘米 ×180 厘米。

纸板

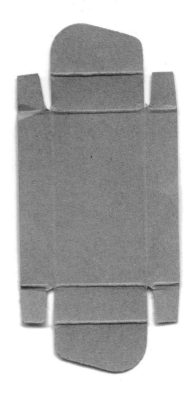

实际上，纸板一词指的是一种硬纸，无非比一般纸张更厚：也就是由厚度与重量（克重）形成的差别。如果每平方米超过 200 克，肯定属于纸板。厚度超过 0.5 毫米，也属于纸板。纸张与纸板的界限十分模糊，因为根据纸浆与所用加厚工艺的不同，两者之间的区别可以达到无限细微的地步。就像想知道从第几块石头起就可以称为石堆一样。比如，卡纸就不太好界定属于哪一个阵营，而地铁票则绝对属于纸板类。

纸板的机械强度、重量、颜色、精细度取决于成分与制造工艺。就像纸张一样，关键是如何从一开始就将纤维素纤维从导致材料变硬的塑性黏结剂（木头中的木质素）中分离出来，同时又不致将其折断，然后再以更均质、更匀称的形式将它们重新组合起来。

欧洲最早的平面纸板出现于 18 世纪中叶；当时，人们用它们制作书皮或者游戏纸牌（"甩扑克"）。而第一台生产纸板的工业用机器则出现于 19 世纪中叶。20 世纪与 21 世纪之交，法国的纸板生产在 10 年时间里便翻了一番。

6 种纸板

必须要对 6 种纸板做出明确区分。它们也是当前工业生产中的 6 大主力：模压纸板、无孔纸板、胶合纸板、螺旋纸板、蜂窝纸板和沟槽纸板。

模压纸板

它是由精细度不一的纸浆或纸浆泥经过冲压制成的。鸡蛋盒就是一个很好的例子。

中国人从古代就开始把它做成帽子、装饰品和家具。在意大利的文艺复兴时期，从法国的弗朗索瓦一世（FRANCOIS 1er）统治时期起，人们就开始使用模压纸板做成的装饰品了。直到 19 世纪，它才开始得到普及〔关于这一点，请参见瓦莱里·内格尔（VALERIE NEGRE）所著《层出不穷的装饰》（L'ORNEMENT EN SERIE）〕。

第一项号称"仿布纸板"（CARTON-TOILE）的技术与碎浆纸的技术十分类似：即把不同厚度的纸页浸入掺有黑麦粉的水池之中，然后放到模具中冲压，最后大部分都被一层硬布压实。

第二项技术更加常见，叫作"硬质纤维板"（CARTON-PIERRE），就是把纸渣和纸板渣与土豆淀粉、沥青和氯化锌、可能还有大理石粉、树脂以及木浆全部混合在一起。根据混合成分的不同，这种材料还可以叫作"仿革纸板"。使用这些不同技术预制并在商品名录上进行销售的装饰品似乎比用赤陶制的同类产品便宜 10 倍。

这种材料出色的技术与经济品质从 20 世纪 60 年代起便引起了汽车工业的兴趣。1967 年时，奥斯汀·莫里斯（AUSTIN MORRIS）公司就曾要求它的设计师们研制一种由椅架支撑的模压纸板汽车座椅；第二年，通用汽车公司便把一种纸浆泥做成的纸板护板装到了因蜂腰形状而驰名的 1968 款轻巡洋舰雪佛兰车门内侧。旅行房车的制造者们也对轻盈的纸板挡板兴致盎然。

装鸡蛋的纸浆泥模压纸板，由钻石国际公司（DIAMOND INTERNATIONAL CORP）于 20 世纪 60 年代生产

通用汽车公司雪佛莱分公司于 1968 年生产的"轻巡洋舰"（CORVETTE）车门模压木浆内饰板

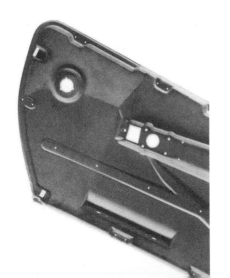

无孔纸板，可折叠纸板

无孔纸板是一种用纸浆直接压成厚度为 1、2、3 或 4 毫米的纸板。它也属于模压纸板，但却是片状或者板状。

最薄的无孔纸板称作"可折叠纸板"（CARTON PLIANT），其实就是各种各样可开槽的、可折叠的、既厚且白的纸张；人们用它们制作药盒、书皮、卡片和车票……

同样，里昂卡片纸（CARTOLINE DE LYON，或称里昂卡片）说穿了就是一页厚纸（从 2/10 ~ 5/10 毫米）。闪光的色泽以及光滑的表面为它赋予了十分丰富的可能性。这种豪华纸板亦可通过滚筒压制被施以一种表面结构处理，这种处理就叫压光，根据滚筒的表面结构，既可以为其赋予一种光滑的外观，也可以形成相反的斑纹、细粒、条纹、斑点效果，甚至还可以做出仿皮革的凹凸花纹。

完全再生的灰纸板或者粉纸板（再生自废纸渣、木头、稻草和甜菜）因为中性的颜色、拼接的便利、低廉的价格、多重的厚度而为艺术院校广泛使用。灰纸板属于十分理想的模型制作材料。此外，因为厚度纤薄（从 1/5 ~ 3 毫米不等），还可以任意弯曲。它比我们所能想象的要生动得多：出于十足的中性，它的颜色显得十分有趣，有时，我们还能吃惊地发现嵌在里面的印刷字迹或者几截稻草。反过来说，它粗糙而多绒的表面也很容易被弄脏。

木浆纸板颜色喜人（浅米色）、质地坚挺、抗压强度高，可选用的厚度序列十分宽泛：从 0.5 ~ 4 毫米一应俱全。

作为豪华型木浆纸板，卷筒纸板（CELLODERME）不仅抗压性更强，而且易于冲压，可用于制作汽车配件、车门内饰板和仪表板；制造时（放入水池），如果掺入黑色灰烬，它便会染上一层漂亮的深灰色，可以承受各种各样的处理与印刷。

胶合纸板

胶合纸板构成了纸板家族中的另一个分支。这个家族由一些极能自作主张的家伙构成，它们不是冒冒失失进入陌生区域便是与口碑不佳者彼此结合，有的表现出色，有的粗俗野蛮，有的血统纯正，有的杂交而成。

以木浆胶合纸板为例，那些白色或彩色纸页虽然深受美术界喜爱，但却有一个巨大的缺陷，就是"鼓包"（TUILER），因为它们的成分并不匀称，会以各种方式在这一面或者那一面形成膨胀。

众多其他胶合纸板也会显现出哗众取宠的、金属光泽的或者闪闪发亮的外观。不久以前，甚至还出现了一种镜面胶合纸板，建筑系的教授们对此十分担心，因为它为瞬间效应的追求者们提供了一些唾手可得、充满诱惑的解决方案，而这样的解决方案与真正的空间科学不可同日而语。

"刮画卡"（LE CARTON A GRATTER）是一种白色胶合纸板，上面覆有可供刻画的黑色表面。

另一种胶合纸板名叫"泡沫纸板"（CARTON PLUME），是由两层白色卡纸夹一层聚苯乙烯内芯组合而成的，不仅更具有合成材料特色，而且十分昂贵；但极轻的重量与极稳定的平面结构使它成为理想的特大模型制作材料或者图文载体。

还有一些纸板，只是简单地覆上了一层薄薄的铝片或者聚乙烯片，是专门用来包装食物的。

螺旋纸板

它用于制造圆管（纸卷芯、邮寄纸筒……）、圆筒或者圆桶。这种多样性使它成为建筑师坂茂（SHIGERU BAN）的拿手建材，他把它们的种种可能性运用到了出神入化的地步。

蜂窝纸板

蜂窝纸板就是一种由以六边形蜂窝孔网状纸板（或者酚醛浸渍纸）为内芯和两层厚牛皮纸为外层的夹层纸板。这种纸板广泛应用于建筑构件，比如某些石膏挡板和平面门，好处是可以保证平面绝对规范；缺点就在于，因为太轻，所以隔音效果很差。不久以前，它开始介入经济型家具的制造，比如拉佩尔（LAPEYRE，法国圣戈班集团旗下子公司，专门生产家居用品——译者注）公司的壁橱门、厨房操作台，以及宜家（IKEA）公司的拉克（LAK）家具序列。

美国纸箱公司，螺旋纸板，以螺旋盘绕纸板做成的纸卷芯，产于 20 世纪 60 年代

左页图解：
美国纸箱公司，用于运输宠物的带提手无孔纸板箱，产于 20 世纪 60 年代

通用汽车奥斯汀·莫里斯设计公司汽车座椅

瓦楞纸板

瓦楞纸板是一种家用材料，可以用来包装范围无穷的产品。除了适于运输，其成功还缘于良好的适应性，因为它的制造过程可以加入任何种类的原材料，所以可以按需确定纸板质量。

1999 年，法国工业界当年生产了 300 万吨瓦楞纸板（比 1988 年多出 100 万吨）；每个法国人平均每年要使用 83 平方米。它就是我在系列家具中所用到的材料，在纸板设计中占有核心地位。

2007 年，在法国，各种包装材料分布如下：41% 为可折叠印刷纸板，24% 为瓦楞纸板，10% 为覆有（粘有）铝和 / 或塑料片的食品包装纸板，最后，还有 7% 是螺旋纸板。

瓦楞！

瓦楞纸板无处不在！除了淡栗的颜色，这种材料的特性就在于，它所用的沟槽纸系由机器制成瓦楞形，再以两张牛皮纸做成夹层，使得这种纸板又轻盈又结实。

朴素美

面对各种各样的纸板，用途平庸的瓦楞纸板坯料似乎显得很寒酸，但这绝对是一种判断错误。瓦楞纸板的夹层结构保证了它的最大优点，那就是十分显著的惰性，这种惰性为它赋予了极大的抗弯曲性能，其平面稳定性也远高于那些很快就会"鼓包"或者"翘曲"（GONDOLE）的无孔纸板。如果说，它只能以单面形成弯曲，那么，它却可以在任意位置进行折叠，只要小心地预先在板材上轻轻划上一道（开槽）即可。尤其是它的沟槽结构，可以封闭一层、两层乃至三层空气，让它实际上变成了一种隔热材料，一接触到皮肤，便会向你传导热量，让你感受到只有"热"材才能提供的舒适感，完全不同于诸如钢铁、花岗石或者玻璃等导体那种冷冰冰的感觉。

至于外观，怎么强调牛皮纸颜色和表面结构的丰富性都不嫌多，尽管牛皮纸通常只适于最下里巴人的用途。它的表面结构很是复杂：可以从中辨别出诸如稻草丝等十分多变的夹杂物质，表面略带凹凸花纹，就好像最初的木浆纤维素还在不断充盈着它发达的纤维一样。

至于颜色，可谓十分微妙，从米色直到金褐色，其中还包括浅栗色，足以突出黑色、白色或者各种贸然闯入的鲜艳颜色。牛皮纸的颜色不仅平和，而且不累眼睛，不像那些反光性强的白色表面。当然，这里并没有提到令勒·柯布西耶（LE CORBUSIER）无比珍视的石灰水，他能从白色中看出美妙的X射线，白色真是一种又浓又淡的颜色。

圣瑞斯特昂舒塞市（SAINT-JUST-EN-CHAUSSEE，法国北部城市——译者注）凯塞斯贝尔（KAYSERSBERG）工厂里的牛皮纸卷，摄于2007年

瓦楞纸板剖析

瓦楞纸板是由或组合或交替使用的机制瓦楞牛皮纸页（沟槽纸）与平面牛皮纸页（封面纸板）制成的。其沟槽纸的特点如此明显，最后就用这种纸的名字命名了这种材料。

面包片与三明治纸板

瓦楞纸板主要有 4 大种类。

单面，类似面包片，由粘在一张封面牛皮纸上的沟槽纸制成。这种材料不那么常用，主要用于垫底或间隔。我们也可以在饼干盒底部看到一种白色垫底品种。

接下来要说的就是三明治。双面，知名度最高，因为它占据了瓦楞纸板 90% 的份额，系由两张封面纸夹一张沟槽纸构成。而双层双面或称双层沟槽纸则由 5 页纸构成：两张外侧封面纸、两张沟槽纸，中间还有一张将沟槽纸隔开的间隔纸板。这种纸板强度极高，主要用于出口商品。最后是比较罕见的 3 层沟槽纸，由 7 页纸构成：两层封面、3 层沟槽、两层间隔纸。还有一种 4 层沟槽纸，但只有奥托尔（OTOR，总部位于巴黎的欧洲顶级纸板生产企业——译者注）公司一家生产。

牛皮纸板

主要产品虽然基于牛皮纸（牛皮衬纸），但我们可以看到一些豪华版、漂白版或者由涂有一层闪光色的沟槽纸式样，这就是制作建筑模型，尤其是表现瓦片屋面的梦幻材料。

牛皮纸就是一种产生于化学木浆、也就是硫酸盐纸浆的浅栗色纸，因为木浆纤维素正是在这种产品作用下与木质素分离的。这种原材料来自富含树脂树木的疏伐切面以及锯木厂的废料：细木料与树干外皮之间的板皮、边条以及边材，构成了原材料的主要部分；然而，这种新型木浆始终要按不同比例与出

圣瑞斯特昂舒塞市凯塞斯贝尔工厂瓦
楞纸板制造现场，摄于 2007 年

身不那么高贵的材料配合使用，比如稻草或者由再生纸张和纸板做成
的回收纸浆。

　　因为未经漂白，所以这种纸浆呈现的是内中成分的天然颜色——
漂白会将纤维强度降低 5% ～ 10%。

　　牛皮纸的密度在 70 ～ 400 克 / 平方米之间不等：最轻的（最高 150
克）用于沟槽纸，150 ～ 200 克的则做成间隔纸，封面纸有时会用到
300 克的密度。给出一个概念范畴，普通复印纸也就每平方米 80 克。

　　牛皮纸也可再生——被称作高耐破纸板或麻制纸板——，只是纤
维素中的长纤维却在一再的搅拌中纷纷折断，显著减少了其机械强度，
尤其是在炎热环境下。不过确实也存在诸如仿牛皮纸、亚硫酸氢盐浸
渍纸等具有良好支撑力的再生品种。我们还可以通过增加封面纸的克
重来补偿因再生而导致的不足。今天，在瓦楞纸板的生产过程中，二
手纤维的使用率可以高达 90%，但一般仅用于内页、间隔纸和沟槽纸
的再生纸浆。

胶水

　　显然，瓦楞纸板的另一个基本元素就是把组成纸板的多层纸页粘
在一起的胶水。时至今日，污染极重的硅酸钠日益被植物（一般是玉
米）淀粉所取代，淀粉里面有时也会加入一些化学产品，主要用于除湿，
因为潮湿始终是纸板生产商的心腹大患。

　　如果把瓦楞纸板浸到热水中，各层纸张就会迅速脱落；反过来说，
一旦晾干，纸张们即刻完好如初。

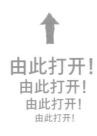

由此打开！
由此打开！
由此打开！
由此打开！

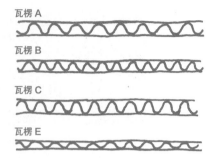

瓦楞 A

瓦楞 B

瓦楞 C

瓦楞 E

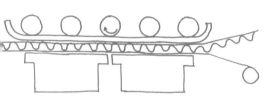

制楞

瓦楞纸的第一个专利是由爱德华·C·哈利（EDWARD B HALEY）于 1856 年在英国注册的，它第一次投入使用主要是为了做帽子；作为包装物的专利则是于 1871 年在纽约注册的——同年，就在同一座城市，有人发明了热狗，曼哈顿的最早一批摩天大楼装上了蒸汽电梯。

今天，沟槽的种类有很多，因为制楞节奏的变化（瓦楞率）丰富了纸板的技术特性，特别是它的抗压强度。沟槽的类型由字母（A、B、C……）标出，应用最广泛的就是 C 型，它因为成本原因而代替了 A；它实际上可以节省大约 15% 的原料，但却因此而降低了坚固程度。还有一些小型甚至微型沟槽。

多沟槽纸板可以结合使用好几种类型的瓦楞。一只传统的双光沟槽纸板箱通常会把内壁的 C 型沟槽与外壁更为坚挺的 B 型沟槽配合使用。

制造与成形

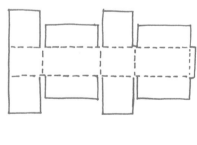

为了制造瓦楞纸板，纸板生产商们全都配备了瓦楞机，即一种由不同滚筒"压力机"组成的机组（最长可达 100 米），用来加热、制楞、黏合、压平并且裁切作为原料的牛皮纸。

牛皮纸筒运来时的尺幅相当可观（高度 2.5 米，直径 2 米）。

要想做出单面纸板，必须让从纸卷上滑下的薄牛皮纸流经两个齿槽滚筒，以制成瓦楞，同时不间断地把它与从另一个纸卷上滑出的保持平面状态的厚牛皮纸粘在一起。如此成形的材料即可成卷地运出销售。

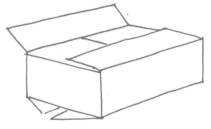

要想做出双面、双层或者三层瓦楞纸板，还得再增加更多的牛皮纸卷；这一次，最终产品将以板材的形式进行存储，其惰性根据沟槽厚度而变，也就是说，根据纸板"芯"的厚度而变，其厚度在 3 ~ 15 毫米之间不等。

对于用来制造纸箱或家具的板材，或者可以通过对折型压力机平面裁切成形，或者可以通过旋转式压力机旋转裁切成形。用胶合板做成的切刀，其刀刃或锋利或厚重（用于预制折痕），凡用于平面裁切机的则形状简单，但用于旋转裁切机时，则不仅形状复杂，而且成本高昂，但旋转裁切机的工作节奏不仅连贯，而且产量远高于前者（每秒钟裁切一张，而不是一分钟才切完一切）。欧洲最大的纸板工厂（圣瑞斯特昂舒塞市的凯塞斯贝尔工厂）目前就在用旋转式压力机制造"供我制作家具的纸板家族"。

最后一点说明。瓦楞纸板还有一种审美特征：它是我们日常生活环境中所仅见的不经雕饰的材料之一，也许还要算上混凝土。在这个精心润饰、身披彩衣、高声大气宣示自己身份的产品世界中央，它一直保持着全"裸"或几乎全"裸"的姿态。对此有一种技术性解释：过多的印刷会有损于它的坚固性，因为流经印刷机很可能会削弱沟槽强度。因此，瓦楞纸板箱只能承受丝网印刷，而且通常只印有几个必不可少的图例。因为用于陈列而装饰最多的纸板箱也不会每一面都印上图案。蔬菜纸板箱通常印有鲜艳的色彩，因为它们既用作运输包装又用于销售展示，所以需要一种特别的关照。

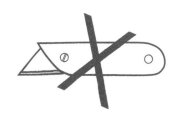

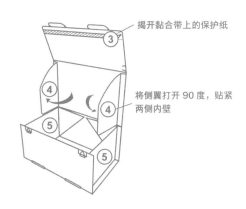

揭开黏合带上的保护纸 ③

将侧翼打开 90 度，贴紧两侧内壁

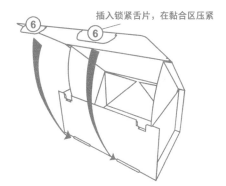

插入锁紧舌片，在黏合区压紧

24 25

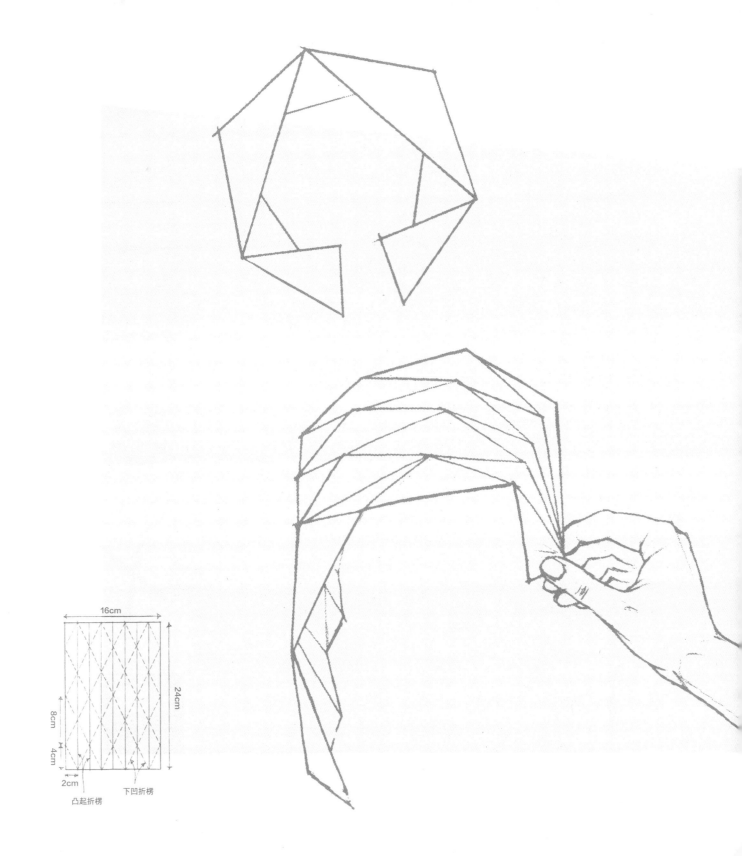

16cm

24cm

8cm

4cm

2cm

凸起折楞

下凹折楞

第二章

用纸板建造

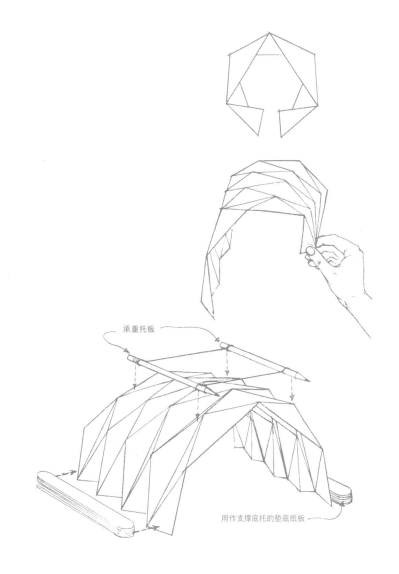

承重托板

用作支撑底托的垫底纸板

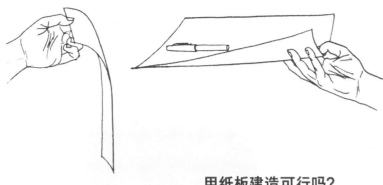

上页及本页：
马里奥·萨尔瓦多利（MARIO SALVAADORI）
的绘画展示了增加纸张硬度的原理

用纸板建造可行吗？

法国文化事务部长安德烈·马尔罗
（ANDRE MALRAUX）在 1967
年巴黎装饰艺术家博览会上向克
洛德·古尔特古伊斯（CLAUDE
COURTECUISSE）表示祝贺
由克洛德·古尔特古伊斯于 1967 年
制作的矮椅，由阿涅丝·古尔特古伊
斯（AGNES COURTECUISSE）
绘制装饰图案
李斯·莱斯普利（LISE LESPRIT）
所著《纸板生涯》（LA VIE EN
CARTON），1992 年 12 月出版

我们当真可以安坐在一把纸板扶手椅上吗？

我们很乐于为这种材料赋予各种装饰性、游戏性或者实性功能，但其实并没把纸板当一回事。1967 年，在巴黎大王宫举办的装饰艺术家博览会开幕式上，安德烈·马尔罗热烈祝贺设计师克洛德·古尔特古伊斯做出了瓦楞纸板扶手椅，但部长大人绝对不想亲坐一试！

对于建筑师来说，坚固性问题似乎还显得更重要些。纸板不可避免地会让人想起无家可归者、贫民窟。从表征上看，一间纸板房屋很难让人产生信任。如果说，"纸老虎"的表述足以表达人们对这种材料的印象，那么，它传说中的弱点却被其应用历史彻底颠覆。我们已经注意到，它的成本优势以及机械性能一再得到确认，到今天，我们已经知道如何消除水火这两大天敌对它造成的影响。此外，在生态问题利益攸关的当今时代，高度再生化的纸浆似乎有可能在未来工业体系中占据战略要地。

我的意思绝不是要以瓦楞纸板——对潮湿环境与按压均十分敏感——去抗衡花岗岩的永久性优势，我只想说明：你完全可以坦然享受一把优质纸板扶手椅的舒适感。

建造原理

说起来似乎很蹊跷，纸张与纸板的建造原理与建筑用混凝土十分接近。它们甚至在遍布世界各地的建筑院校中充当着以建筑发明为核心内容的教学基础。

材料强度与静力强度等基础性概念其实完全可以通过拼接、折叠、粘贴、嵌合、弯曲以及其他手法展现出来，这些手法都能为纸板用品或家具赋予类似的强度。瓦楞纸板的结构本身就是我们最先看到的展现形式。

除去涉及用品／家具与环境或支撑间关系以及避免倾覆的稳定性概念外，作用于形状或材料强度的关键概念就是"惰性"。这是使用纸板时我们需要考虑的第一个概念。惰性就是一种基础结构——横梁、立柱、壳形或网状——的承载能力，用于抗衡外力的侵袭，特别是压迫力、弯曲力、扭曲力等。惰性也是结构阻止诸如侧弯（指横梁）、压弯或挠曲（指立柱）以及翘曲（指更复杂的结构）等变形的一种能力。惰性可以由瓦楞纸板的板材结构来展现：由粘在两层平面纸页之间的瓦楞牛皮纸芯组成的夹层、由中空沟槽形成的"完美"立柱示意图，这种中空不用增加重量或原材料便创造了一定的厚度，并因此为板材赋予了一种良好的耐破和耐弯曲强度，我们把这种强度称为惰性。科学家们知道，这种厚度"e"一定会加入到惰性力矩数学公式（$M=Re^2/L$）二次幂"e^2"中，这样就可以解释，为什么每平方厘米都能提供大量的额外强度。

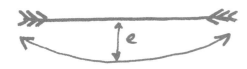

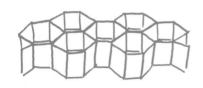

第二个概念在纸板板材被置于弯曲压力（比如某一扶手椅就座者的屁股）时开始发挥作用：上层纸页负责对抗压力（容易出现折痕），而下层纸页则负责对抗拉力（容易撕裂）；不过，如果牛皮纸是新的、非再生的，而且里面的木质素纤维依然很长，那么后者将会更有效地对抗拉力。正是出于这一原因，对再生纸应该合理使用，以免降低纸板结构的强度。

第三个概念就是折痕概念，这个概念比较实用，指的是所有以薄片为基础的结构，无论是金属片还是纸片：折叠实际上是一种古已有之的行为，就是为整个膜片赋予一种无限高于翼缘——褶裥、角材、梁网、船壳板等的强度。那个著名的神奇戏法用的就是这个原理，一张纸币可以承载着一枚重重的硬币跨越一定空间，唯一的前提是把它折出褶裥。

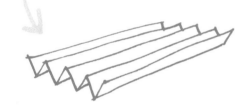

第四个概念，半实用半理论，叫作"加强板"（CONTREVENTEMENT），旨在用方向对立的对折来冲抵纸页的对折，这样就能通过阻止朝向任一方向的倾覆来固定结构。所有加强板的基础就在于，在两层板材之间做出一个二面角，并因此创建出一个永不变形的空间结构。

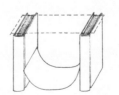

纸张打褶示意图，由马里奥·萨尔瓦多利绘制

第五个概念更为复杂，系出自第四个概念，就是双弧平面的特殊强度，叫作"扭曲面"（SURFACE GAUCHE）：这些平面带有方向相反的弧面，从而为它赋予了极高的强度（某些贝壳或者甲壳展现的就是这种不可思议的力量，如果仔细观察其微妙之处，最普通的鸡蛋同样也能展现这样的力量）。单弧平面（圆筒和圆锥）很容易被压扁，而扭曲面（圆球、空竹、三角四面体、船形、马鞍、螺旋线或劈锥曲面以及所有双曲面）则永不变形。如果说，这样的平面很难不用胶水，仅凭纸页或板材的拼接制成，那么，只要涉及宽条或细带的模压及粘贴，这些形状都会得到广泛应用。

　　某些纸板家具设计者会因免用任何形式的混杂连接（黏合、扣合、铆合）而成就一世英名。但我们也完全可以设想，使用胶水、搭扣、塑料铆钉或者布质连接带很可能会开阔我们找到更多可行形状的视野，尤其是用纸做出的形状。

　　何况，上胶仅用于制造基础产品，既可以是瓦楞纸板，如果用的是纸，也可以指蜂窝形式，这种松弛的结构最近已经成了好几种系列产品的基础。

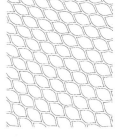

莫罗（MOLO）工作室和吉冈德仁（TOKUJIN YOSHIOKA）所用的蜂窝结构

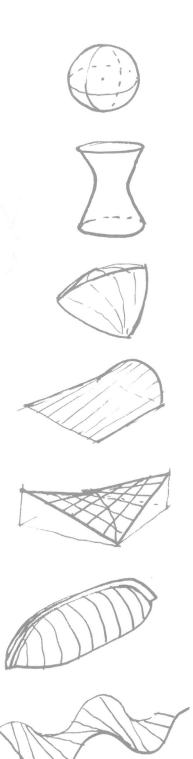

在我的系列作品之中，我所开发的那个嵌在两个夹板之间的三角梁对折结构展现的是这样的静力原理：倒置且中空的三角梁形状提供了最大的抗弯曲强度；宽大的平面负责对抗压力，下部的尖脊负责对抗拉力，两材相隔15厘米，这是能够避免脆化两个侧面的最大距离。按此原理制作的横梁有两层沟槽，每层厚度1厘米，因为嵌在扶手椅的两个夹板中间而避免了变形的命运，并且为稳定的、加强型的、双弧形的、惰性强大的折叠结构做出了示范。

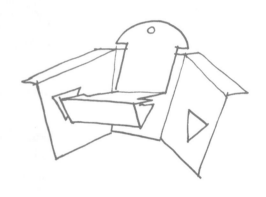

2006年威尼斯双年展上由维吉姆·李奇（VEJIEM LIDZI）制作的纸板屋。图中展示的是都市骰子设计公司（URBAN DICE）的组装过程

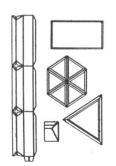

理查德·布克明斯特·富勒尔（RICHARD BUCKMINSTER FULLER）和文森特·乔弗雷－德舒姆（VINCENR GEOFFROY-DECHAUME）运用三角梁原理所作的设计

约瑟夫·阿尔贝尔（JOSEF ALBERS，1888～1976 年，德国画家与艺术教育家——译者注）与纸制品教学

约瑟夫·阿尔贝尔的学生作品与分析，德绍市（DESSAU，德国中部城市——译者注）包豪斯学校，1928～1929 年

包豪斯（BAUHAUS，1919 年创建于德国魏玛市的工艺美术学院，以对现代建筑学影响深远而著称——译者注）的校友汉内斯·贝克曼（HANNES BECKMAN）这样讲述将纸板和纸张视为最佳教学材料的约瑟夫·阿尔贝尔所指导过的一堂课程："他走进教室，胳膊底下夹着一包报纸，他把报纸发给学生……'女士们，先生们，我们很穷，并不富裕。所以我们不能允许自己浪费任何材料。我们应该从我们所拥有的少量资源中获取最大收益。每件艺术品都会用到一种十分具体的原材料，所以，我们应该首先研究这种材料有哪些表现。为此，我们要先做一些实验，而不是一上来就做出某件东西。眼下，先掌握技能，再顾及审美。需要付出多大努力，完全要看我们要加工的是什么材料。一定要考虑清楚，你们只有做得越少，才会收益越多。研究的目的是促使我们培养建设性思维。你们听明白我的意思了吗？现在，我希望你们把我们发的报纸拿到手上，用它做出一件比现在的状态变化更多的东西。我还希望你们能够尊重材料，根据它的特性对它进行合理的塑造。要是能不用刀子、剪子、胶水等等工具那就太好了。好好享受吧！'

几个小时以后，他回到教室，让我们把努力以后的成果摆到他前面的地上。有面具、轮船、帽子、飞机、动物，还有各种小人像，他把这些东西叫作幼儿园手工，并且说道，很多情况下，这样的东西用其他材料会做得更好。随后，他展示了一件看上去简单至极的作品：那是一位年轻的匈牙利建筑师做出来的。他什么都没做，只是把报纸纵向折叠了一下，这样，报纸便凭借两翼立了起来。接着，约瑟夫·阿尔贝尔向我们解释了这件作品对材料理解得如何深刻，这个折叠举动做得如何合情合理，只有纸张才能这样处理，因为这个举动让这种强度如此之低且毫无支撑力的材料变得坚挺起来，以至于它可以靠它最纤薄的部分、也就是它的边缘站立起来。随后，他又向我们解释道，一张报纸如果放在桌上，只能看到一面，其余部分全都看不到。而现在，报纸立起来了，它的两面就都能看见了。由此，纸张便不再具有无聊的外观和冷漠的姿态。"（参见《包豪斯与包豪斯人》[BAUHAUS UND BAUHAUSLER] 一书中汉内斯·贝克曼文章"创始岁月"[DIE GRUNDERJHARE]，由 ECKHARD NEUMANN 出版社于 1971 年在伯尔尼出版）。

也可参见保罗·里特（PAUL RITTER）的精品著作《教育创造》（EDUCREATION），或者马里奥·萨尔瓦多利的《它是怎么站住的？》（COMMENT CA TIENT？）。

实用练习，巴吉（BAGGI）纸盒

巴吉纸盒是以它的美国设计者的名字命名的。他在 20 世纪 60 年代想出的这种折叠方式能让我们从纸页的任何一边和任何一面开始折出一只纸盒。

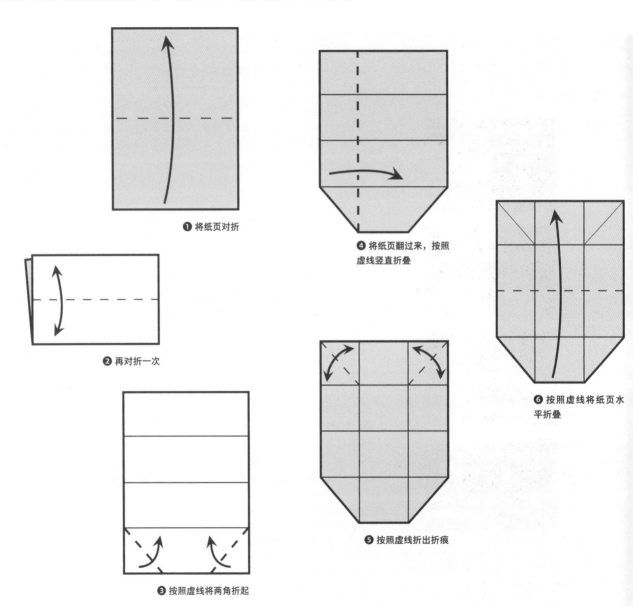

❶ 将纸页对折

❷ 再对折一次

❸ 按照虚线将两角折起

❹ 将纸页翻过来，按照虚线竖直折叠

❺ 按照虚线折出折痕

❻ 按照虚线将纸页水平折叠

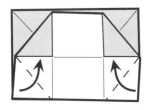

❼ 按照虚线将两层纸页同时折叠

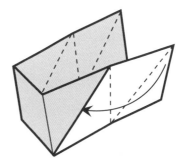

❿ 将纸角插入开口

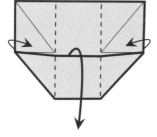

❾ 打开纸袋以形成半个正方形

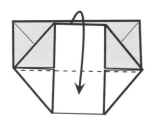

❽ 将上沿翻向下方

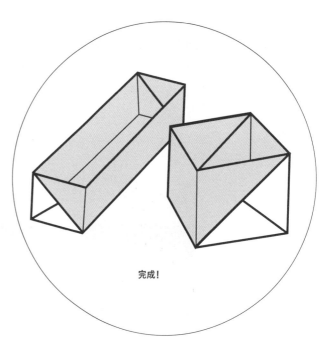

完成！

纸板家具

优越的机械性能与低廉的生产成本势必令纸板成为当代设计师们用得最顺手的原材料。自 19 世纪末起，它就开始被用于工业品的制造与运输，到 20 世纪 60 年代，当它的产量达到极大规模时，便迎来了这样一个决定性时刻，即它的生产指令必须与时代要求协调一致。但对于纸浆的建设性应用其实与这种材料本身几乎一样古老。中国人、日本人和朝鲜人很早就用它制造小型家具以及诸多建筑元素，其中最著名的例子就是半透明纸挡板 [障子（SHOJI，原文为 JOSHI，疑为作者笔误——译者注）]。

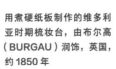

用煮硬纸板制作的维多利亚时期梳妆台，由布尔高（BURGAU）润饰，英国，约 1850 年

用煮硬纸板制作的拿破仑三世时期梳妆台

19 世纪

凡是认真阅读《德雷奥酒店公报》（GAZETTE DROUOT）的人都会像我一样意识到，从 1830 年到拿破仑三世时期，从浪漫主义到洛可可风格，有很多小摆设、五屉柜和扶手椅都是用硬固纸做出来的，木偶表演家们对此项技术谙熟于心，也有使用煮硬纸板的，能让木偶人物显得更加健壮。这些四处镀金、遍布螺钿与沙金石的家具显得既珍贵又迷人，尤其是当你看到其中那种与其作者节省成本的基本动机毫不相干的趣味性后就更有同感。我还没来得及测试它们的强度。

19 世纪时，还有一种板箱与打包经营者，主要是为上流社会携带衣物定制箱包。随着主要驶向"温泉地域"的铁路交通的开启，板箱经营者开始应接不暇，客人想要的都是既结实又轻盈美观的行李箱。

包豪斯与未来主义

包豪斯与未来主义一直把纸板看作建筑院校最常用的一种神奇的练习材料。

可以肯定，由意大利画家贾科莫·巴拉（GIACOMO BALLA）设计的一套漂亮的黄蓝生漆组装"搭接"（A MI-BOIS）系列家具，在纸张与纸板元素的组装产品中，很可能成为包豪斯研究领域的鼻祖。

但愿包豪斯对纸板的兴趣不致引起《民主中的阿波罗》（APOLLON DANS LA DEMOCRATIE）一书读者们太大的惊讶，此书作者就是那位极具理性的沃尔特·格罗皮乌斯（WALTER GROPIUS，1883-1969 年，德国建筑师，包豪斯创始人——译者注），他也是这所杰出学院的第一任院长。

古格列莫·让纳利（GUGLIEMO JANNELLI，1895-1950 年，意大利未来主义诗人——译者注）于 1924 年策划的"未来主义博览会"，1939 年付诸实际。贾科莫·巴拉的上漆木质家具全部为可拆卸家具

20 世纪 50 年代

第二次世界大战后的家具设计对纸板似乎不怎么关注。原因之一：产量依然受限。不过，到 1952 年，丹麦人古纳尔·安德森（GUNNAR ANDERSEN）用带有铁丝的胶合纸板做出了一把靠背椅原型，居然与维纳尔·潘顿（VERNER PANTON，1926-1998 年，丹麦设计师——译者注）后来用塑料模具做出的靠背椅一根线条都不差。

纸质连衣裙，纽约，1967 年

20 世纪 60 年代的躁动

纸板的工业设计恰恰在 20 世纪 60 年代中期开始爆发。纸浆大规模地突然闯入了所有领域：从包装到空间技术，包括高级时装——纸质连衣裙成了 20 世纪 60 年代波普文化的一种醒目的表现手段，比如至今名声不减当年的帕戈·拉巴纳（PACO RABANNE，1934 年生于西班牙，西班牙高级定制设计师——译者注）的连衣裙。为了保证产品促销，造纸企业举办了一场场充满奇思妙想的艺术与设计展览会。比如，由美国纸箱公司于 1967 年在美国举办的"纸张制造"展，就展示了世界各地用纸质产品进行创作的工程师、设计师、传统手工艺人以及艺术家的作品。

吉姆·摩根（JIM MORGAN，美国艺术家——译者注）用钥匙环和绿邮票组合而成的连衣裙，纽约，1967 年

因此，这一次纸板家具的突然爆发、特别是自 20 世纪 60 年代下半叶以来的集中爆发也就不足为奇了。1963 年，彼得·默多克设计了斑点座椅，这把靠背椅取得了如此巨大的成就，成了波普设计的一尊偶像。

彼得·默多克的斑点坐凳

由 B·E·盖贝尔（B·E·GEIBEL）创作的儿童储物箱座椅

由贝尔纳·霍尔达维（BERNARD HOLDAWAY）于1966年创作的儿童书桌；既朴素又富于趣味性

由罗伯特（ROBERT）和威廉·考尔福斯（WILLIAM KAULFUSS）创作的可自行组装瓦楞纸板婴儿床，于1966年开始限量发售

由克洛德·古尔特古伊斯于1967年创作的一高一矮两把扶手椅，由阿涅斯·古尔特古伊斯绘制图案

由大卫·巴特莱特（DAVID BARTLETT）以清漆聚乙烯纸板创作的自行组装座椅，由巴顿（PATON）公司在伦敦制作

1965年，B·E·盖贝尔用塑封无孔纸板设计了一把靠背椅，大小十分便于成排放置，由美国联合营地公司（UNION CAMP CORP）负责制造，由创意玩具公司（CREATIVE PLAYTHINGS INC）负责销售。

1966年堪称高产的一年，渡边力（RIKI WATANABE）开始在日本量产一种用接近折纸术的技术制作的儿童书桌，书桌配有小凳，可以随时收进桌子下面。贝尔纳·霍尔达维开始以充沛的直觉和造型想象力在英国用纸板和胶合板试验各种混搭用品。他的儿童座椅和书桌属于合二为一，孩子可以从书桌上面坐进去，这只书桌堪称一件富于趣味性的小小杰作。在芝加哥设计中心，罗伯特与威廉·考尔福斯两兄弟创造了一张可折叠婴儿床，接着又是一只座凳，而且用的都是瓦楞纸板。同年，在法国，凭空想象的折叠术随着艺术家、建筑师与设计师克洛德·古尔特古伊斯的两把纸板扶手椅而正式问世，而他刚刚写完一篇关于座椅的论文。

1967年，高潮依旧不退。德国人彼得·拉克（PETER RAACKE）推出了绝对首创的成套瓦楞纸板家具系列：纸板系列。在加拿大，唐纳德·劳埃德·麦金利（DONALD LLOYD MCKINLEY）用彼此粘连的纸板管筒创造了一把长长的靠背椅。另一位法国建筑师则对做成圆筒状的无孔纸板兴趣浓厚：他就是让－路易·阿夫利尔（JEAN-LOUIS AVRIL）。1966年，我在大王宫实验工坊见到他时，还不了解他作为纸板设计师所从事的创作活动。他的圆筒形家具作品均以生漆纸板为基础，不仅优美，而且与霍尔达维的原型十分接近。中空圆柱可谓强度最高的载体，构思妙到毫巅，圆筒上的孔洞则展现了曲线效果，对此，让－路易·阿夫利尔曾经逐一细数过其内涵丰富的种种可能性。由普拉迪耶（PRADIER）、图莱娜（TURENNE）和舍瓦勒罗（CHEVALEREAU）设计的另外一个系列，号称纸板造型（CARTOFORM），虽然也用到了高密度纸板，但却又是拧螺钉又是涂胶水，既不雅观也不配套。大卫·巴尔莱特在伦敦做出了一把十分优美的成人扶手椅，用的就是与默多克的主张十分接近的原理。在这些先驱者当中，还要再加上一位意大利设计界的权威人物恩佐·马里，同样在1967年，他则创造了用于博览会和展览会模块纸板陈列架，虽然其折叠手法并无革命性可言，但也形成了一道蔚为壮丽的室内景观。

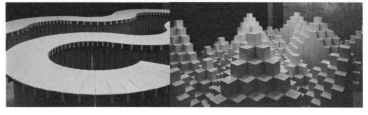

由恩佐·马里（ENZO MARI）用瓦楞纸板创作的模块景观

渡边力用瓦楞纸板创作的自行组装儿童桌与儿童凳

彼得·拉克创作的纸板椅广告局部

唐纳德·劳埃德·麦金利于1967年在加拿大创作的扶手椅与脚凳。所有管筒均系粘接或铆接而成

弗兰克·盖里（FRANK GEHRI）1987年创作的外公椅（GRANDPA CHAIR）

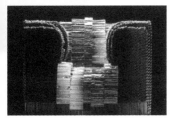

约尔·斯蒂恩(JOEL STEARNS) 1991年创作的扶手椅

20世纪70与80年代

与成套扶手椅理念正相反，毕尔巴鄂市（BILBAO）著名的古根海姆（GUGGENHEIM）博物馆的建筑师弗兰克·盖里的产品受到了媒体的大肆宣传。他的扶手椅由块状组合的胶合瓦楞纸板构成，粘好之后再行锯开，不仅没有隐藏沟槽，反而把它们用作审美成分，因为它们营造的是一种怪异的材料效果，酷似编织材料的构造。起初虽然按大批量工业品设计，但高超的造型品质最终却让这些家具成为稀缺与珍贵之物。这位啰唆的创作者最精彩的创造大概要属他的锋利系列（EASY EDGE）中那把仿蛇形瓦楞纸板褶皱椅（WIGGLE SIDE CHAIR）。他的作品在纸板家具设计界形成了巨大的影响。作为兴趣广泛、直抒胸臆的创作者，弗兰克·盖里在众多其他类型的家具虽然施展了不少才干，但他的产品却时常遭受质疑，比如他的鱼形（这也是他最崇拜的形状）和蛇形灯具就相当难以令人信服。不过，他在设计那把铝质座椅时却成就了一番大师手笔，椅架上随意安一张简单的铝板，既借弹性增加了舒适度，又不会因为轻薄而让人担心坐不牢靠。他也因此而令人愉快地一反略带漫画色彩的招牌形象，他一向被看作一名焦躁不安、不讲结构的建筑师。作为训练有素的平面设计师，1947年出生于加利福尼亚州拉米萨市（LA MESA）的约尔·斯蒂恩，在跟随弗兰克·盖里积累了足够经验后，于1991年创建了自己的新城市家具公司（NEW CITY FURNITURE FIRME），并开始推广表面喷沙的三层沟槽纸板家具。

自1978年文森特·乔弗雷－德舒姆注册专利后，第二波成套瓦楞纸板家具系列的商业化尝试便正式启动（继彼得·拉克的尝试之后），名义为便携系列。这个系列才是我那把由"恰到好处"（QUART DE POIL'）公司负责推广的纸板座椅的真正始祖，因为它早已试探过三角梁的应用，特别是在打造书桌时曾经用过。便携家具虽然在法国市场一败涂地，但它却给德国的纸板家具系列带来了启迪，自1985年起，这组系列便推出了品目十分宽泛的商品名录。

让－路易·阿夫利尔1966年创作的圆筒扶手椅

汉斯－彼得·斯坦日（HANS-PETER STANGE）创作的纸板家具序列

1979年的便携家具广告板节选

便携家具

今日新浪潮

当前，可持续发展已被提上日程；设计师们对人们挂上嘴上的生态设计绝不可能置若罔闻，作为新鲜事物，生态设计开始考虑消费品的生态成本问题。

但，自20世纪90年代起，就像对60年代的回应一样，纸板再次开始给创作者们带来大量启迪，主要是由于它的生态品质使然。作为风水轮转的建造材料，朴实而怡人的纸浆经过2000年的发展，开始为这个动荡不止的世界提供一种游走之中的舒适感，百依百顺地适应着这个后现代主义社会。

我就是在1993年做出那把纸板座椅的。它在媒体宣传中获得的成功以及15万把的销量说明它来得相当及时。何况，最近20年代来，全世界的设计师、推广商和狂欢节都对纸板兴趣浓厚。全新的成套家具系列开始现身江湖，比如1996年由沃尔夫拉姆·谢夫奇克（WOLFRAM SCHEFCIK）在奥地利创建的主板品牌，而就像瓦楞纸板商用陈列架在其柜台上长销不衰一样，大型连锁百货商店纷纷推出了可折叠纸盒与整理箱序列。乐都特(LA REDOUTE,法国邮购公司——译者注)也推出了多屉柜，住房（HABITAT，法国家居产品制造企业——译者注）和无印良品也推出了美观的纸盒产品。

奥利维埃·勒布鲁瓦
（ OLIVIER LEBLOIS ）
于1993年绘制的纸板
扶手椅

主板（MOBO）序列折叠广告册，
精巧的册页上，各种家具模型跃
然纸面

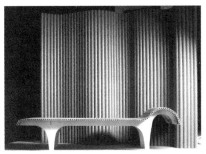

上左图解：
由韩伯托和费尔南多·坎帕纳 [FERNANDO CAMPANA] 于 2001 年创作的纸质（PAPEL）系列中的靠背椅，由埃德拉公司（EDRA，意大利家具制造企业——译者注）负责推广

由韩伯托和费尔南多·坎帕纳于 2001 年创作的纸质系列中的长沙发、屏风和矮桌，由埃德拉公司负责推广

由坂茂于 1998 年用纸板管筒创作的长椅和屏风，由卡佩里尼公司（CAPPELLINI，意大利家具企业——译者注）负责推广

由马可·卡佩里尼 [MARCO CAPELLINI] 于 2004 年用再生纸板创作的儿童小椅，由瑞麦德公司（REMSDE，南非再生产品生产企业——译者注）负责推广

由马可·吉恩塔（MARCO GIUNTA）于 1996 年用瓦楞纸板创作的 L3+C3 小型多屉柜，由迪士尼公司 [DISEGNI] 负责推广

在诸多设计师当中，使用纸板的大有人在。我们可以举出巴西的坎帕纳兄弟（费尔南多＋韩伯特），他们是把金属和再生纸板混在一起使用的；还有在日本大量使用螺旋纸板的坂茂，他所设计的家具均以纸板管筒为基本材料，其中就包括 1998 年为卡佩里尼公司设计的华美座椅和屏风；加利福尼亚的变形组合 [METAMORF，由科林·瑞迪（COLIN REEDY）和凯文·布瑞克（KEVIN BRYCK）二人组成] 运用格里科尔（GRIDCORE，美国再生产品生产企业——译者注）蜂窝纸板制作出了强度极高的壳状结构。

2004 年，在罗马，"超越纸箱"（BEYOND BOXES）—— 一场由卢西亚·彼得罗尼（LUCIA PIETRONI）主办、由罗马一大（LA SAPIENZA）赞助的展览讨论会——让我发现了一批极其年轻的从事纸板设计的创作者。比如 1969 年出生于米兰的卡佩里尼，他设计了圆锥形座椅，1966 年出生于米兰的马可·吉恩塔设计了多屉组合架，都灵的核心组合（一对 30 多岁的设计师）在纸板模型上堆起了一座土丘，上面长满青草，从而做出了一件园艺家具，还有极具才华的杰内罗索·帕尔梅贾尼，我真想把他设计的那把长椅画下来。

由核心工作室 [NUCLEO] 于 2000 年用生物降解纸板创作的"地球！"（TERRA!）主题青草座椅，由 NFURNITURE 公司负责销售

由马可·吉恩塔于 1997 年创作的 S1 系列座椅，由迪士尼公司负责推广：4 张瓦楞纸板拼成，颜色多种多样

由杰内罗索·帕尔梅贾尼（GENEROSO PARMEGIANI）于 2003 年创作的栋多（DONDO）主题长椅

手持带盖软墩的阿兰·贝尔托（ALAIN BERTEAU）。下图为软墩使用介绍

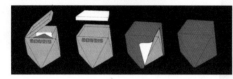

我有必要在这里讲一下比利时设计师和教师阿兰·贝尔托用100%再生材料构思而成的带盖软墩，它不仅是这个时代的标志，或许还象征着对未来的预见。这个小小的坐垫是第一件以自身包装作为结构的家具。使用原理很简单：买一个多面体瓦楞纸箱，里面带有一个坐垫和一只布罩。把布罩套到纸箱外面便完事大吉。今后或许一件东西都不用扔掉：只需把包装翻个面，或者移作别用。

2006年，在荷兰，玛侬（MANON）和鲁德·范登布鲁克（RUUD VAN DEN BROEK）推出了一座纸板别墅。他们的名下共有两件作品：一个是城堡要塞（面积1平方米，高度1.35米），一个是摇摆椅。两件作品都可以随意上色。与此同时，大卫·格拉斯（DAVID GRAAS）在阿姆斯特丹的里特维德艺术学院（RIETVELD ACADEMIE）学成设计专业后便留在了这座城市；他创作了不少家具和用品，其中有一个批次专门针对儿童。比如2004年创作的用品"最想要的东西就那只纸箱"（THE CARDBOARD BOX AS AN OBJECT OF DESIRE）、2005年创作的座凳"这面朝上"（THIS SIDE UP），以及2006年创作的灯具"并非灯具之一号和二号"（NOT A LAMP #1 AND 2）。

创作于2006～2007年的纸板别墅；共计两件作品：《摇摆椅和城堡要塞》

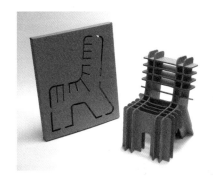

大卫·格拉斯于2005年
创作的"这面朝上"座凳

大卫·格拉斯于2007年的
创作的"亲手终结你的少
年时代"（FINISH YOUR
SELF JUNIOR），是一把
需要把包装元素逐一组装起
来的儿童座椅

普什（PUSH）设计工作室
的罗伯特·布斯（ROBERT
BUSS）与乌特·柯南（UTE
CONEN）于2004年创作
的一次性办公家具系列

在德国，普什工业设计工作室（罗伯特·布斯与乌特·柯南）
于2004年推出了一次性办公家具系列，把自1999年以来逐
年设计的用品全部组合到了一起，包括组合架、餐桌、书桌、
座凳、长凳、扶手椅。而且总是从建筑与设计工作室日常使用
的纸质筒管入手。这种材料让他们把低廉的成本、使用的便利、
艳丽的色彩与再生和可再生性完全结合在了一起。

以上自上而下：

安娜·普罗伦若（ANNE
PROLONGEAU） 于
2002 年为巴黎书展创
作的组合架
儿童艺廊作品之儿童屋，
2005 年
儿童艺廊作品之婴儿床，
2004 年

在法国，使用纸板的设计师们同样大有人在。

住在利摩日（LIMOGE，法国南部城市——译者注）的安娜·普罗伦若构思了一组泡沫纸板（卡纸与聚苯乙烯夹层）家具系列，有婴儿床、组合架和陈列柜。在这位设计师的作品中，简单、中庸、多功能以恰当的比例与精巧优美的槽口设计和加强板系统达到了完美结合。还在原型阶段，这些家具就已经成功地在巴黎书展派上了用场。

儿童艺廊始于 2001 年，以充分的想象和朴实的风格在儿童用品世界攻城掠地。从这一天起，一整套生态与可再生纸板家具便就此诞生：既有布娃娃屋，也有儿童屋（做得就像真屋子一样，几分钟的时间就可以展开或者叠上，而且可以在上面画画），还有室内家具：婴儿床、餐桌与座凳、长凳，而且，最近还推出了积木。

2003 年，根据折纸术原理，法国国立高等工业设计学院（ENSCI）的大学生刘娟（LIU JUAN）把各种小型纸板模块组合起来，做成了松果扶手椅。

刘娟（LIU JUAN）于 2003 年
创作的松果扶手椅

格里高利·帕尔西
（GREGORY PARSY）
于 2004 年创作的箱式
沙发，由"DESIGN+"
设计公司生产

2004 年，雷内莱班（RENNE-LES-BAINS，法国南部市镇——译者注）的设计师、教师和建筑工程师格里高利·帕尔西（作为主要作品之一）以多片连成"串"的再生纸板创作了形态生动的凹形沙发。用原封不动的下脚料加工而成的可持续作品为我们开启了可观的前景。这件家具还向我们展现了这样的事实，即无论纸张还是纸板，只要压成足够的密度，用于创作时，其品质完全可以与木材或者胶合板媲美。

2005 年，奥利卡（OLIKA）面向厂家和个人推出了一组 100% 可再生的纸板家具序列（不用胶水，不用螺丝，装饰用的也是不含溶剂的墨水），以独到的设计保证了销售的业绩。

帕尔西和德邦（DEBONS）
于 2007 年创作的根式座椅

设计之外

　　冒险同样在设计之外延续：有些创作者专门从事限量版设计，他们的使命并非进入大批量的产品市场。20 世纪 90 年代，皮埃尔·夏佩隆（PIERRE CHAPELON）、克里斯汀·勒本斯（CHRISTIAN LE BENZE）和蒂埃里·马兹利埃开始以阿尔出产的名义自行推广家具。再生纸砖（或纸块）材料成了他们工厂的金字招牌。他们所用的小纸砖压制机虽然早已没有用武之地，但在柴炉时代却曾经一度辉煌。在阿尔制作的家具上，那些老旧报纸与杂志的字迹还偶尔可见。此处发出的是对回收行为的呼吁，再生不再"没名没分"（ANONYME），它创造了意义，彰显了性格。

　　瓦楞纸板也有自己的个性。我们在大街小巷见到的瓦楞纸板不计其数，而且我们发现，这种纸板充满着机械性能。它也因此不可避免地给为数极多的有心人带来了启迪，使他们制作的家具通常都能做到独一无二、富于想象。与板箱经营者结盟后，他们开始为自己、亲友和客户定制多功能家具。只要一产生求购纸板家具的想法，立刻就能感受到这种趋势的规模。巴洛克、洛可可、波普……从最精巧的到最粗大的应有尽有。如果说，在如过江之鲫的创作者中，有一个名字需要牢牢记住，那就是布鲁赞公司的创始人埃里克·吉约马尔，他在 1993 年以一种加强板系统为基础钻研出了一项建造技术，并传授给了众多学生，这些学生又接着一传十、十传百。每个人都可以成为自己的设计师："自己动手"（DO IT YOURSELF）。这门各显神通的回收艺术不仅拥有绝对乐观的前景，而且对某些人来说还蕴含着萌芽状态的一种未来型生活方式，它的名字叫作："环境友好"（ECO FRIENDLY）。

阿尔组合（ARRGH）于 1994 年创作的长椅与餐桌。"颜色源于所用纸张本有的色彩。我们只是偶然通过压制把每个部件都变成了独一无二的元素。"阿尔组合的建筑师与创始人蒂埃里·马兹利埃（THIERRY MAZELLIER）对他的家具特点做出了这样的解释

由布鲁赞（BLEUZEN）公司埃里克·吉约马尔（ERIC GUIOMAR）的学生们完成的造型独特的家具

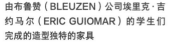

纸板艺术

关注造型艺术同样可以成为我们的求教来源。某些与纸板游戏"征服世界"（CONQUETE DU MONDE，一译"战国风云"——译者注）同时代的艺术家也曾从技术上探索过这种材料的各种可能性。但他们着重探查的是各种象征性关联度。未来主义与超现实主义曾对纸板充满好感，立体主义将其纳入麾下，波普艺术不停地围着它转来转去，新现实主义对它举双手拥护，当代艺术时常会把它当作一种核心题材。显然，这样的综述会让艺术史学家们发出不以为然的吼叫，但我如果这么说肯定就会平安无事，那就是，纸板已经在艺术界确立了自己的地位，因为它早已达到了在日常应用中不可或缺的发展速度，这也就是最近几十年的事。然而，"简陋"（PAUVRE）材料的名声它是背定了，比如说，把它当作可以任意涂抹的绘画载体就不算冤枉它。纸板具有双重个性：它既是承载最新事物的诱人宝匣，同时又是遭人鄙视的奴隶。只要一到我们手里，它就变成了没用的废品，但这种洗碗机的包装材料同时又可以成为无家可归者的栖身之所 [或者日本作家安部公房 [KOBO ABE] 笔下的"箱男"（L'HOMME-BOITE）。尽管塑料袋似乎抢走了它在这个富足社会中应有的地位，但作为现代世界的"表皮"，它的作用却没能逃过艺术家西尔维·雷诺的慧眼，他以出奇的细腻用瓦楞纸板坯料仿制了各式各样的用品：武器、自动扶梯乃至只在幻相中存在的各种家具。

克洛德·古尔特古伊斯于 1997 年用瓦楞纸板创作的波浪雕塑。这些雕塑作品均由昂迪利斯（ONDULYS，法国纸板生产企业——译者注）投入工业化生产

西尔维·雷诺（SYLVIE RENO）创作的拉锁

1957 年出生于瑞士的托马斯·赫希霍恩则以这些可以轻易做成包裹式或者带底托邮件的简单工具塑造出了刻意追求凌乱效果的雕塑：这些工具包括瓦楞纸板、塑料布、松枝、A4 复印纸、棕色胶带和一支记号笔。他以站立不稳的风格竖起了一座座都市塑像，而这样的塑像按惯例本应做成大理石的。1999 年，他在阿姆斯特丹的一座码头上一家性商店对面立起了一座斯宾诺莎半身像，2000 年，又在阿维尼翁（AVIGNON，法国南部市镇——译者注）的路易·格罗（LOUIS GROS）街区立起了一座德勒兹（DELEUZE，1925-1995 年，法国哲学家——译者注）塑像。

值得一提的还有造型师贝尔纳·拉尼奥（BERNARD LAGNEAU），20 世纪 70 年代以来，他做出了许多纪念性或临时性的雕塑作品。他的"机械化场地"（LIEUX MECANISES）就是一架借助一套复杂的纸板活塞、齿轮和传动带系统平衡有序运转的庞大机器。他的"91 号机械化场地"（LIEUX MECANISES NUMERO 91）于 2005 年被放进了巴黎农业博览会场，占据了一块长 30 米、宽 20 米的空间，其中的轮式结构直径达到了两米。几年以前，他还曾经创作过几件长度达到 300 米作品，中间有小道穿过，可以直达这座机械建筑物的核心位置。

托马斯·赫希霍恩（THOMAS HIRSCHHORN）于 1999 年在阿姆斯特丹创作的斯宾诺莎（SPINOZA，1632 ~ 1677 年，荷兰哲学家——译者注）雕像

纸板建筑

查阅不同纸板家具的注册文件时，我们意识到，很多创作者最早都是建筑师，有些人甚至把他们的尝试推进到用纸板造房子的程度。不过，大部分时间里，纸张与纸板都仅用于室内空间或者临时性住所的建造。

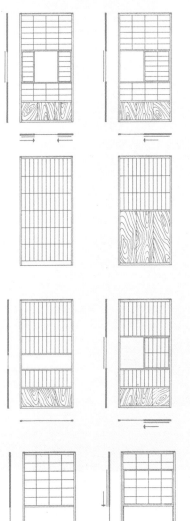

"障子"挡板的几种
推拉形式

在日本，纸质隔板与窗户就是传统建筑的象征性元素。就是把专门用于平面支撑的半透明纸（"障子"式隔板）或者不透明纸 ["袄"（FUSUMA）式隔板]平铺在木质格架上。这种门窗板因为十分轻盈所以便于推拉。必须说明，这些隔板不仅不限于室内空间，而且非常适合日本潮热沉闷的夏季气候。比起大雨，这些纸"窗户"更怕的是撕裂。堵塞破洞的策略虽然会破坏挡板的整体性，但却形成了众多的装饰创意（剪裁图案、厚度花样……）。最初，"和纸"是按框架大小进行剪裁的，但，由于纸张的尺寸已经使用统一规格，最终只能是由挡板和房间来适应它们——想象一下一座建筑物听由 A4 纸摆布的情形吧！"障子"为日本房屋赋予了一种十分特别与微妙的氛围。谷崎润一郎（JUNISHIRO YANIZAKI，1886-1965 年，日本小说家——译者注）那篇著名文字《阴翳礼赞》（ELOGE DE L'OMBRE，写于 1933 年），就是对这种日本生活方式浓墨重彩的由衷颂扬，此书出版时正值这种生活方式受到四处泛滥的现代化威胁之际。

1915 年，一个普通法国大兵从战壕回到住地后在日记中这样写道："9 号才回来，我们得在一座临时木板房里住上 3 天，这所房子名叫'约弗尔别墅'（VILLA JOFFRE），是用木架和木板搭起来的，顶上盖的是柏油纸板。"

第二次世界大战期间，纸板在即使最恶劣的环境里也在贡献力量。卢布林（LUBLIN，波兰东部城市——译者注）附近贝尔赛克灭绝营（CAMP D'EXTERMINATION DE BELZEC）的唯一一位幸存者鲁道夫·雷德尔（RUDOLF REDER）这样描述他在 1942 年所看到的毒气室："房子很矮，又长又宽。是用灰色混凝土建成的，屋顶是平铺的沥青纸板，上面盖着一层带树枝的网子。"

20 世纪上半叶，盖有柏油纸板屋顶的成套木板房十分普及，因为防水壁板还可以单独用来装配护板，而且显然易于运输。无论是在厂区、军队驻地还是夏令营（陆地）都可以见到木板房；饱受两次大战摧残的居民，还有后来辉煌三十年（LES TRENTE GLORIEUSES，1945-1975 年大部分发达国家经济高速发展的时期——译者注）期间的移民工人也会被安置到这样的房子里。

但到 20 世纪最末端才发明出来的这种材料同样也为号称持久的建筑物贡献了力量。1911 年建成的哥本哈根中央火车站直到今天还保留着由木屋架支撑的柏油纸板屋顶。

绰号为 20 世纪的列奥纳多·达·芬奇的理查德·布克明斯特·富勒尔（1895-1983 年），自 1950 年起便把他最初的牛皮纸管筒应用研究用到了进行大地测量的球形建筑上。第一只水晶球系 1953 年在密西根为福特工厂所建，但最出名的还是 1967 年世博会期间在蒙特利尔的圣伊莲岛（ILE SAINTE-HELENE）上所建的美国馆。这些球形建筑可以用纤薄的球形外壳包容广大的空间。它肥皂泡般的外形尤其为科幻小说的作者们带来了很多灵感。布克明斯特·富勒尔并不仅限于把纸板用于实验：从 1951 年起，他就和耶鲁大学建筑系的学生们把它用在了一座大地测量圆顶建筑上。此后，他继续发展着他的建筑原理，1954 年，他又向美军交付了一组以纸板板材形式（印着字、开着槽）出现的成套球形建筑。海军陆战队士兵只需把板材页片折叠起来，就能形成以三角梁原理为基础的一个个单元，然后把它们装配在一起就可以了。1954 年，有人向他下了米兰展览馆的订单。他的工作卓有成效。纸板的运用既简单又高效，三角梁保证了强大的的坚固性，而且运输花费十分便宜。在他的诸多著作中，这位颇具慧眼的富勒尔先生预见了这种材料应用于建筑的美妙前景，尤其可用于应急栖身性住所和临时展览场所的建造，当然，随着未来的发展，还可用于个人住所。

理查德·布克明斯特·富勒尔在南伊利诺伊 [ILLINOIS] 大学，1958 年

理查德·布克明斯特·富勒尔于 1954 年为其注册专利的大地测量球形建筑

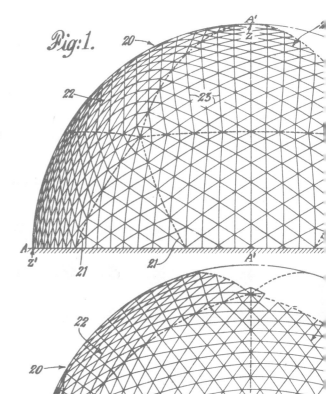

1967 年，一家专做模压纸板的英国公司推出了一款由 4 块一模一样的花瓣形模块组成的儿童小屋。

1968 年，受能让近 20 万人在短时间内和平共处的伍德斯托克（WOODSTOCK，全球闻名的美国摇滚音乐节——译者注）现象启发，建筑师吉·罗提耶设计了一款纸板度假村，夏季一过就可以烧掉。他相信，直到当时还要注定住上好几代人的建筑物，也需要适应富于流动性的当代生活。经过仔细研究季节性住所问题，他以比较低廉的成本推出了临时性住房，其中回收设备起了很重要的作用（使用老旧公共汽车、特别是火车车厢）。

20 世纪 90 年代，坂茂创造了高强度的木料与螺旋纸板混合系统，用这些系统做出了应急住房和展览场馆。成为纸板建筑的领军人物后，他甚至为 2000 年的汉诺威（HANOVRE）国际博览会建造了好几千平方米由纸板管筒制成的网格穹顶，全部材料均可再生。但坂茂主要还是用纸板制作永久性建筑，比如 1991 年在日本为一位诗人建造的图书馆。

就在这几年间，室内建筑同样开始关注纸板性能，以便以比较低廉的运输和装配成本打造临时性空间。德国设计与推广企业斯坦日设计公司二十多年来一直在销售目前市面上最全的纸板家具系列（纸板家具），在其商品名录中推出了展览家具以及 3 套组合挡板系统，可以用来搭建单个展位和连片展区。匈牙利设计师亚诺什·特贝（JANOS TERBE）同样设计出了用作挡板的模块系列，甚至还推出了定制空间概念。

大卫·巴特莱特与莫豪（MOHOW）用模压纸板创作的模块儿童小屋，由巴顿公司在伦敦制造

吉·罗提耶（GUY ROTTIER）于 1968 ~ 1969 年间创作的纸板村庄模型

由特贝设计工作室（TERBE DESIGN）创作的可调节办公家具，由匹克·帕克（PIC-PACK）公司制造

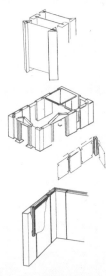

由斯坦日设计公司（STANGE DESIGN）推出的 3 套用于创建展览空间的模块系统。

雨果·摩琳（HUGO MOLINE）和丽萨·杜克曼顿（LISA DUCKMANTON）用建造纸板屋的边角料创作的扶手椅。

由斯塔奇伯里（STUTCHBURY）和理查德·史密斯（RICHARD SMITH）创作、由悉尼大学学生制作的纸板屋剖面图，2005 年

接着，从 20 世纪 90 年代末起，被建筑师放进他们的工具箱后，纸板的应用便日益频繁起来。

举几个不一般的例子。2004 年，在罗马，奎萨（QUASAR）设计学院的建筑与设计系大学生们为无家可归者研制了一种可折叠小屋原型。他们用再生材料做出了两千个"居住箱"（LA BOITE A VIVRE），成本仅为每只 12 欧元。这款产品由两家指定慈善机构负责分发，具有相当的舒适性（太阳能供电、隔热处理、防水、通风）和良好的安全性（防火表层）。它的意义绝不仅限于把纸板分发给罗马的流浪者。可惜，这样的经验似乎没能继续复制下去。

2005 年，建筑师彼得·斯塔奇伯里和理查德·史密斯设计出了可移动预制小屋，可以拆卸、价格便宜，委托科尔·詹姆斯（COL JAMES）的学生、也就是澳大利亚悉尼大学建筑系的大学生负责制作。在这个项目中，使用从香蕉运输船上弄来的纸板为小屋的建造赋予了良好的防水性和防火性。整个建造过程中，雨果·摩琳和丽萨·杜克曼顿通过回收建材边角料来制作纸板家具。这款纸板屋使用了 85% 的再生材料，而且 100% 可再生，先在悉尼歌剧院的露天平台上展示了一段时间，随后便永久安放于奥林匹克公园。

澳大利亚还有不少纸板建筑的先驱人物，比如阿德里亚诺·帕皮里（ADRIANO PUPILLI）和文森特·塞德拉克（VINCENT SEDLACK）。

　　2005 年，在一场由赫尔辛基大学组织的设计大赛上，三位年轻的荷兰建筑师——马蒂·卡利亚拉（MARTTI KALLIALA）、艾萨·鲁斯凯佩（ESA RUSKEEPAA）和马丁·卢卡茨基（MARTIN LUKASCZKY）——设计了一处由 360 块纸板组成的音乐欣赏空间。这处被称为"音乐场所麦风布伊"（MAFOOMBEY, A PLACE OF MUSIC）的蜗居只用作音乐欣赏，同时，它所使用的完全是由纸板制作的声学与建筑材料。在这里，中间镂空的一片片纸板只是被简单地水平摆放在一起，既没有粘连也没有系缚。每一块纸板的切割都是经过电脑计算的，然后再在这块未经加工的瓦楞纸立方体上，"挖出"一个舒适的舱室，还有一截通道和一扇门。

　　还是在 2005 年，在肖蒙国际平面设计节期间，一家叫作荷兰人维克普拉特排版工作室的平面设计工作室，尝试了一种借助纸板设计室内建筑的全新手法。展览空间以及展览用具都是用瓦楞纸箱堆出来的。从开幕到闭幕，荷兰的设计师们一直在这个原始的、字面意义上的展览设计舞台上四处移动着他们的办公室。

　　2006 年，维吉姆·李奇在威尼斯双年展上推出了都市骰子、一款可移动纸板屋。他们这家创建于 2002 年的拉脱维亚事务所同时还为这所纸板屋推介了全套纸板家具（高脚凳、桌子……），特别适用于短期运作的事业或事件（事业的商标图案还可以印到纸板上）。

维克普拉特排版工作室（WERKPLAATS TYPOGRAFIE） 正在 为 2005 年 肖 蒙（CHAUMONT，法国北部城市——译者注）国际平面设计节布展，通过瓦楞纸箱的堆放明确了展览区域与展览家具的位置

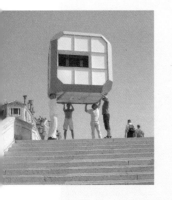

维吉姆·李奇于 2006 年为威尼斯双年展创作的都市骰子公司纸板屋

右页：
马蒂·卡利亚拉（MARTTI KALLIALA）、艾萨·鲁斯凯佩（ESA RUSKEEPAA）和马丁·卢卡茨基（MARTIN LUKASCZKY），"音乐场所麦风布伊"（MAFOOMBEY, A PLACE OF MUSIC），为 2005 年赫尔辛基住房交易会所组装的壁龛视图与轴测投影图。

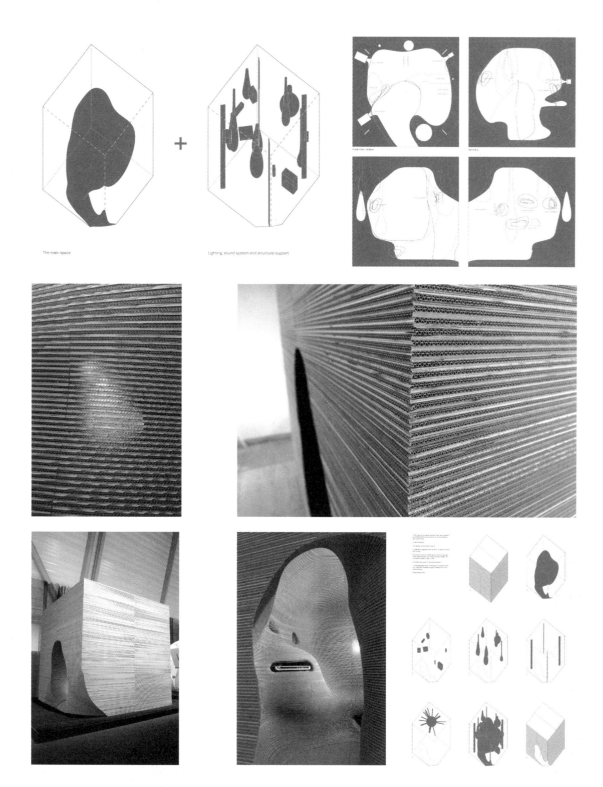

The main space

Lighting, sound system and structural support

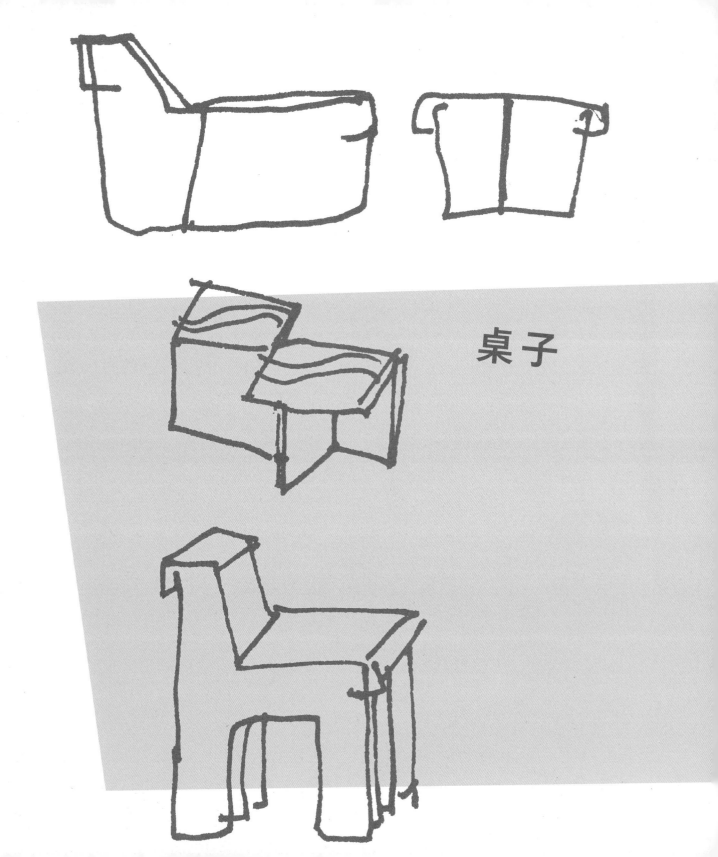

桌子

第三章

专题

让－路易·阿夫利尔
坂茂
理查德·布克明斯特·富勒尔
克洛德·古尔特古伊斯
朱丽·杜布瓦
弗兰克·盖里
文森特·乔弗雷－德舒姆
塞尔盖伊·格拉希门克
埃里克·吉约马尔与布鲁赞公司
贝尔纳·霍尔达维
莫罗工作室
彼得·默多克
杰内罗索·帕尔梅贾尼
李群柱与肖艳瑶
彼得·拉克
西尔维·雷诺
吉·罗提耶
汉斯－彼得·斯坦日
亚诺什·特贝
渡边力
吉冈德仁

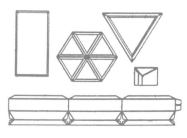

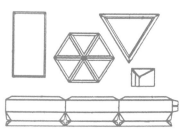

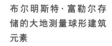

布尔明斯特·富勒尔存储的大地测量球形建筑元素

大地测量球形建筑所用平面板材

放在米兰斯福尔扎（SFORZA）老花园里的纸板制大地测量球形建筑。理查德·布克明斯特·富勒尔于 1954 年获得米兰三年展大奖。其中一座球形建筑被改成了大学生公寓。

用于大地测量球形建筑的纸板组装现场，所有板材均已印好图文、开好槽口、预先剪裁完毕

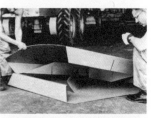

由富勒和他的学生于 1951 年在耶鲁大学安装的第一座球形建筑内部结构

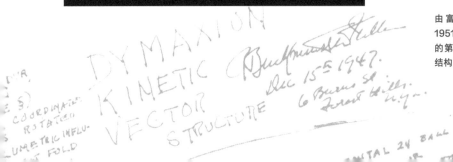

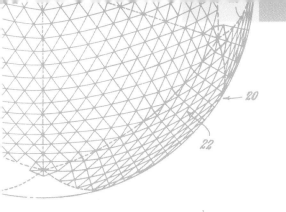

理查德·
布克明斯特·
富勒尔

在其最出名作品——球形建筑（可以凭借轻薄外壳容纳巨大空间）——的基础上，富勒尔又于1951年用纸板管筒制作了网格结构。

几年以后，也就是1954年，富勒尔又为美国军队设计了便于"伞降"（PARACHUTABLE）的栖身性住所，因为预先开好槽口而易于折叠的单页纸板构成了这座球形建筑的组合单元。这种出人意料的建造模式也是三角梁原理的实践结果，后来，我们在很多纸板家具设计师那里都重新见到过这种建筑元素，因为这种建筑形态以简单的折叠手法为纸板材料赋予了最大程度的坚固性。一旦球形建筑完全组装完毕，只需一把快刀就可以随意开出任何数量的门窗。这种纸板球形建筑曾经进行过工业化生产，但始终没有达到工业化生产应有的规模，令理查德·布克明斯特·富勒尔大为遗憾，他堪称探索纸板建造法基本原理最为彻底的一名建筑师：包括管筒编织结构、成套栖身性住所以及三角梁原理。

理查德·布克明斯特·富勒尔（1895～1983年）是一个涉猎极其广泛的人物：建筑师、设计师、数学家、发明家、哲学家、诗人、测绘学家……他的研究如此面向未来，他的著作如此富于远见，他简直就是一个只有小说中才能出现的人物。

布克明斯特·富勒尔于1952年建造一座大地测量球形建筑时所用的折叠纸板

被加拿大麦吉尔（MCGILL）大学的学生们覆上一层金属板的纸板球形建筑，金属板系由加拿大铝业公司于1957年提供，球形建筑扛过了加拿大的冬天

布克明斯特·富勒尔于1954年在弗吉尼亚（VIRGINIE）军事基地为海军陆战队员和米兰三年展装配的球形建筑

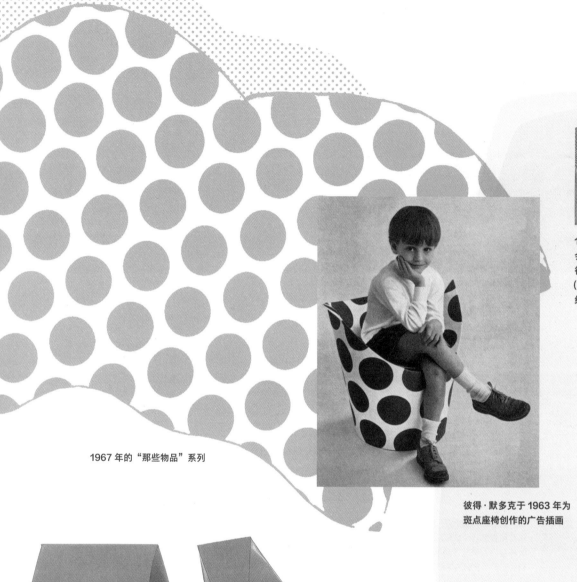

1967 年的"那些物品"系列

1968 年的墨西哥奥运会的设计图像，由彼得·默多克和兰斯·怀曼（LANCE WYMAN）绘制

彼得·默多克于 1963 年为斑点座椅创作的广告插画

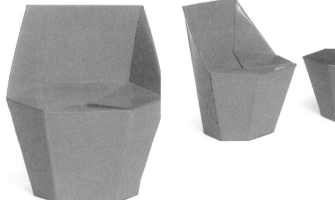

彼得·默多克

1963年，在伦敦，还在皇家艺术学院上学的彼得·默多克就创造了斑点座椅、一款漂亮的、在白底之上装饰着巨大圆点的儿童座椅，1964～1965年间，由国际纸业公司负责推广。斑点座椅的成就如此非凡，这种款型最终成为英国波普时代的一尊偶像。

超级简单的组装方法以及低廉的造价直到今天还在成就着这款家具的美誉，尽管当时它只是被设计为一种一次性座椅。斑点座椅是用一张画好轮廓的层压纸板剪裁而成的，一层薄薄的聚乙烯薄膜让它既可以防水又便于清洗。这层纸页巧妙地运用了自行封闭的滚筒性能，就像能够通过邮局邮寄成卷文件的那些纸筒一样。材料本身的弯曲形态形成了刚性双弧结构（这种款型也许过于脆弱，不适合成人），让这把小靠背椅在鼻祖级的纸板座椅中成了最早成熟、最具想象力的典范。

彼得·默多克1940年出生于英国。1963年毕业于皇家艺术学院，1968年在伦敦创建了自己的平面设计事务所。他的主要作品是与兰斯·怀曼合作完成的1968年墨西哥奥运会识别图像，他同时还在专做设计家具的希尔（HILLE）国际公司担任顾问。

斑点座椅，60年代的朴素家具偶像

贝尔纳·霍尔达维于 1968 年创作的托莫汤姆（TOMOTOM，廉价家具系列——译者注）餐厅家具

用纸板滚筒设计的全套家具

贝尔纳·霍尔达维

他在 1966 年设计的全套餐厅家具三叶草轮廓的桌面成了英国波普时代的象征。

贝尔纳·霍尔达维尽管已经消失在我们的记忆中，但他却创作了一整套纸浆压缩家具，并且涂上一层坚固的清漆，不仅让它们能够清洗、可以防火，而且极耐剐蹭。全套家具包括一个小书架、一只床头柜、一张儿童书桌、一匹摇马，还有托莫汤姆扶手椅（1966 年），上面铺着由纺织品装饰师雪莉·克雷文（SHIRLEY CRAVEN）、保罗·保洛齐（PAOLO PAOLOZZI）和尼杰尔·亨德森（NIGEL HENDERSON）绘制图案的椅垫。与默多克的斑点椅相反，由赫尔（HULL）贸易公司推广的家具并非成套出售，而且面向的都是深思熟虑的客户群；今天，这些家具的销售对象依然是那些收藏家们。

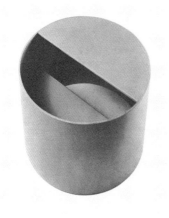

贝尔纳·霍尔达维于 1966 年设计的儿童书桌；桌子朴素而幽默；坐进课桌就像坐进一辆汽车

1966 年用半圆柱体设计的儿童木马

渡边力用自行组装的瓦楞纸
板创作的儿童餐桌与坐凳

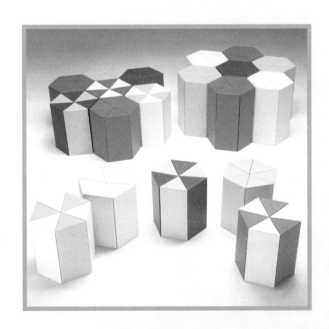

力凳（RIKI STOLL）的产品资料卡

力 凳

轻盈：约1公斤
牢固：可承受1吨

宽度：
A款直径：13 英寸
B款直径：11.4 英寸

高度：
矮款：13 英寸

渡边力

他的成套力凳既不用胶水也不用剪刀便可组装起来，其命运可谓风云际会。1966 年问世之后，尽管卖得很便宜，但它仍然成了博物馆里的一件展品。同年，他又设计了一款配有一把靠背椅的儿童书桌，出色地运用了从折纸术中借鉴得来的折叠技巧。

这位设计师的兼容与长寿让他得以跻身 20 世纪的所有风格变迁。如果说，他称得上是一位纸板家具先驱，那么，他的家具在将所有可用材料全部上演一遍的精彩纷呈的创作历程中只不过是一个阶段而已。

他与设计师剑持勇 [ISAMU（原文为 ISAM，疑为作者笔误——译者注）KENMOCHI] 合作，在 1952 年设计了少女峰酒吧（BAR JUNGFRAU），1966 年设计了富士胶片公司（FUJI COLOR）大楼，1971 年设计了京王广场酒店主酒吧（LE BAR PRINCIPAL DE KEIO PLAZA HOTEL）。1975 年，他以从来无人能及的精细手法用层压竹片创作了一只名为 FUYUH 的风铃，堪称名符其实的悬空艺术品。稍后，他又开始致力于日本王子酒店的室内装饰。他从来未曾停止过创新的脚步，2006 年，又以 95 岁的高龄为精工品牌设计了两只阿尔巴（ALBA）手表，精纯的设计不仅让人联想起日本的禅宗传统，而且彻底回应了 21 世纪初人们对生态环境的担心。

渡边力 1911 年出生于东京，1936 年毕业于东京理工大学木材系。后来作了教师（室内设计与建筑），并于 1949 年用自己的名字创建了工作室。

渡边力的力凳，就是用瓦楞纸板制作的成套座凳。这款家具至今依然畅销

力凳组装说明

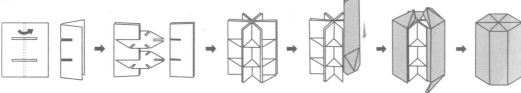

彼得·拉克于 1968 年为纸板
座椅创作的折叠广告册插画

帕普去野营（papp
goes camp）

彼得·拉克

1966 年开始推广的这把纸板座椅很早就被载入纸板家具发展史册，堪称世界上第一套成套瓦楞纸板家具系列的起点：它就是"一无所有者的财富"（"LA RICHESSE DE CEUX QUI N'ONT RIEN"）。这套以极大规模和较低成本制造的全序列家具主要面向的是数量日增的知识分子以及大学生。这款产品不仅因为轻盈而具有很强的流动性，而且便于再生利用。自 20 世纪 60 年代中期起，它就开始兼备 2000 年代生态设计所要求的各种条件了。

创作同时，彼得·拉克还推广了一套名气没那么响亮的创新型瓦楞纸板玩具（日用物品）。这套体系包括好几个瓦楞纸板模块（盒子、方块和靠背椅），组合起来，就可以依次搭出火车头、轮船或者汽车。

作为设计师，彼得·拉克以其灵巧和怡人的创作成为战后德国日常生活的一个标志。他的前卫作品——有时甚至是超前作品——准确表达了辉煌三十年期间德国社会的种种变化。他还是 MONO-A 餐具的创作者，自 1958 年问世以来，这款德国工业设计的经典之作就成了一款畅销产品。拉克还以整体成形的塑料行李箱"革命者行李箱"（"VALISE POUR LES REVOLUTIONNAIRES"）而闻名于世。

彼得·拉克 1928 年出生于哈瑙（HANAU，德国中部城市——译者注），以工艺创作者的身份开始职业生涯。他先后在施瓦本格明德（SCHWABISCH GMUND，德国南部市镇——译者注）和科隆技术大学（KOLNER WERKSCHULEN）学习过金属雕塑、玻璃绘画、陶瓷制作和金银器制作。从 1958 到 1993 年，彼得·拉克曾先后在卡塞尔（KASSEL，德国中部城市——译者注）和名声极响的乌尔姆（ULM，德国西南城市——译者注）设计学院以及汉堡造型艺术学院（HOCHSCHULE FUR BILDEN KUNSTE）任教。从事教师职业的同时，他还管理着分别开在柏林、法兰克福和米兰的三家设计事务所。

彼得·拉克于 1967 年创作的奥托（OTTO）座椅。以夹板为支撑，每一片瓦楞纸板均因折叠效应而隐于无形

桌子，1968 年

儿童玩具模块

克洛德·古尔特古伊斯于
1967年创作的矮椅和高
椅，由阿涅丝·古尔特古
伊斯绘制图案

未投入推广的矮桌，由阿涅
丝·古尔特古伊斯绘制图案

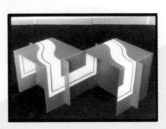

矮椅（乔治·蓬皮杜中心设计发布会）

今天，克洛德·古尔特古伊斯主要
致力于绘画与雕塑，特别是极其轻
盈的塑料小件，叫作"物尽其用"
（DETOURS D'OBJETS），因为
它们都是由色彩浓艳的日常用具和
用品富于诗意地组合而成的，这些
浓艳色彩正是当时的时代特色。严
谨而对称的拍摄手法进一步突出了
这些常见物品的独特之处

克洛德· 古尔特古伊斯

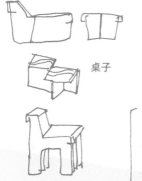

桌子

克洛德·古尔特古伊斯后来又成为了塑料成形领域的先驱者。1968年，他先是以热成形丙烯腈设计出了索利亚（SOLEA）整体座椅，后来又设计了阿波罗座椅，属于首批能让逛惯独价商店（PRISUNIC，法国低价商品连锁店——译者注）的年轻夫妇买得起的成套家具之一。最后，他还是一种名叫定理（THEOREME）的漂亮座椅的创作者，这款座椅由两只透明丝印壳体组成，上面带有特伦斯·斯坦普（TERENCE STAMP，1939年出生的英国电影演员——译者注）的头像，这位演员曾经出演过帕索里尼（PASOLINI，1922-1975年，意大利电影导演——译者注）的电影"定理"

阿波罗（APOLLO）座椅

阿涅丝·古尔特古伊斯于1970年创作的浮雕，由V公司推广一千件

他于1966年设计了一把座椅，虽然没起名字，但却是一套可自行组装的瓦楞与纸板与丝印家具系列当中的第一款，由两张座凳、一把靠背椅、一张矮椅、一张矮桌和一些壁挂作品组成。

由阿涅丝·古尔特古伊斯绘以图案装饰的扶手椅由昂迪利斯进行小批量商业销售，在春天百货商店也曾卖过几年时间。1967年，这把扶手椅曾在巴黎装饰艺术家博览会（SAD）上展出，由此开始了一波成就巨大的媒体宣传浪潮，可惜后续商业化运作没有成功。同期完成设计的矮桌、靠背椅和矮椅没能得到推广。

令克洛德·古尔特古伊斯感兴趣的，是这种材料的反资产阶级宣传效应、随用随装的便利性以及随走随用的流动性。通过搭接完成嵌入的操作原理不仅让人一看就会，而且彰显了家具的自身风格。厚仅5毫米的可折叠超薄板材运用得既巧妙又高效。古尔特古伊斯夫妇、特别是阿涅丝还创作了一组实现了工业化生产的壁挂作品（由V公司推广），有意简化为微型沟槽或热成形的几何形浮雕被涂以鲜艳的颜色。值得一提的是，尽管V公司创始人的早逝不幸为这一尝试画上了句号，但这种毅然决定大规模销售艺术品的做法仍属相当罕见。

进入20世纪90年代，克洛德·古尔特古伊斯又用瓦楞纸板创作了一组雕塑。

阿涅丝与克洛德·古尔特古伊斯分别毕业于巴黎应用艺术学院和国立高等技术教育学院。阿涅丝·古尔特古伊斯出生于1935年，曾任教师，并对艺术追求不辍，尤其是壁挂艺术。克洛德·古尔特古伊斯于1937年出生在一个废纸回收商家庭；既是教师、造型艺术家，又是设计师［其作品先后被斯坦纳（STEINER）、西迪亚·卡塔诺（SIDIA CATANEO）和空运（AIRBORNE）公司推广］。2007年，乔治·蓬皮杜文化中心曾专门为他举办过作品展。

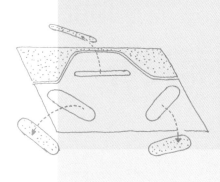

让－路易·阿夫利尔在马蒂（MARTY）工厂制作家具管筒步骤图

准备一张厚度3毫米、200毫米×300毫米的卷筒纸板。按照所需圆筒形状的切展线进行下压裁切（使用锋利工具）并裁好两张用于制作罩筒的圆盘

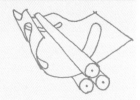

用钢板冷弯机弯成滚筒

用钉有钉书钉的纸板条（厚度3毫米）将滚筒封闭，并在厚钢板上将钉书钉砸平

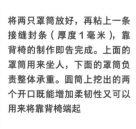

将两只罩筒放好，再粘上一条接缝封条（厚度1毫米），靠背椅的制作即告完成。上面的罩筒用来坐人，下面的罩筒负责整体承重。圆盘上挖出的两个开口既能增加柔韧性又可以用来将靠背椅端起

用纸板管筒设计的全套家具

安德烈·普特曼（ANDRE PUTMAN）利用让－路易·阿夫利尔的家具把开在圣特洛佩（SAINT-TROPEZ，法国东南沿海市镇——译者注）的服装店装饰一新。图中，儿童软凳被用作了灯罩

这张照片曾于1967年2月14日被用来在法国艺术创作、绘画与模型版权管理公司[SPADEM]注册专利，清楚地展示了钉书钉的装配效果

让－路易·

阿夫利尔

让－路易·阿夫利尔的硬纸板家具系列，1967 年由马蒂－拉克（Marty-Lac）公司发行。三件家具刚涂完清漆，也可以刷油漆

由让－路易·阿夫利尔（刚刚娶得一位纸板商女儿的年轻建筑师）于 1967 年 2 月注册专利的第一款管筒制扶手椅，由于椅背上的泡沫边饰和横向开口而前途未卜。但很快，这位设计师便创作出了越来越多样、越来越优美的各种家具，马蒂－拉克（MARTY-LAC）公司直到 1974 年还在制造销售。

阿夫利尔很快便把他从岳父那里发现的"卷"成管筒状的高密度纸板的丰富潜力发挥到了无穷无尽的地步：一套包括柔韧型座凳、柱形整理柜、书桌、高桌与矮桌在内的儿童序列家具。所有家具均上有颜色，有时还会先饰以图案再刷上生漆，接着粘贴拼装，交货时已经组装完毕。让－路易·阿夫利尔还借助了其他工业材料，比如由不带沥青保护层的大波纹瓦楞纸板制成的屋顶面板，一看就是一张书桌面，而且还有能放进铅笔的槽口。

让－路易·阿夫利尔的家具在媒体宣传和商业推广上都获得了某种程度的成功，这种成功为他开启了几次重大奇遇。1967 年，蒙特利尔世博会法国馆的一个展厅便用上了他的第一款座椅。1968 年，米兰三年展上的法国展台同样摆出了多个这款产品。这组家具的另一个辉煌时刻，就是弗朗索瓦·德拉莫特（FRANCOIS DE LAMOTHE）——让－皮埃尔·梅尔维尔的布景师——用它当作由阿兰·德隆主演的电影"独行杀手"布景的那一刻。

让－路易·阿夫利尔 1935 年出生于圣－纳泽尔（SAINT-NAZAIRE，法国西部城市——译者注），拥有建筑师毕业证书。在设计纸板（1967～2000 年）与金属家具的同时，他还从事着建筑师与教师的工作。1998 年和 2000 年，他与亚当·叶迪德（ADAM YEDID）合作分别完成了法国驻突尼斯大使馆以及法国驻突尼斯领事官邸的改建与翻新。此外，他还完成过不少室内装修设计，比如 2005 年为一家小型工作室所作的室内设计。

让－皮埃尔·梅尔维尔（JEAN-PIERRE MELVILLE，1917～1973 年，法国电影导演——译者注）于 1967 年执导电影"独行杀手"（LE SAMOURAI）剧照。

水

饭

饭

水

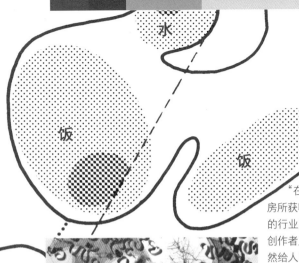

"在一个频频以建造鸽子笼式住房所获收入作为地位与财富成功标准的行业里，吉·罗提耶可谓既是建筑创作者又是建筑诗人……他的作品虽然给人以无法居住的印象，而且似乎对人类境遇颇多讽刺，但今后却比那些推销给我们的方格子住房更有机会留存于世并且载入史册。"

——阿尔曼（ARMAN，1928-2005 年，法裔美籍画家、雕塑家、造型师——译者注）

1968-1969 年间创作的纸板村庄

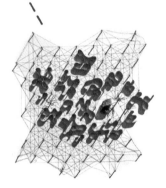

1968 年设计的鱼钩项链

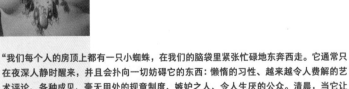

纸板村庄草图

"我们每个人的房顶上都有一只小蜘蛛，在我们的脑袋里紧张忙碌地东奔西走。它通常只在夜深人静时醒来，并且会扑向一切妨碍它的东西：懒惰的习性、越来越令人费解的艺术评论、各种成见、毫无用处的规章制度、嫉妒之人、令人生厌的公众。清晨，当它让我们睁开双眼时，前进的道路已被扫清，我们经常会依稀看到一个全新的、神奇的世界。一笔在手，开始描绘更加美好的未来。思想就是这样发芽、生根并成长壮大的。

——吉·罗提耶"

用回收物品制作的灯具

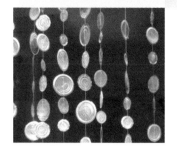

吉·罗提耶创作的瓶盖幕帘

吉·
罗提耶

1968 年，受能让近 20 万人在短时间内和平共处的伍德斯托克现象启发，建筑师吉·罗提耶设计了一款纸板度假村，夏季一过就可以烧掉，以免留下任何痕迹，好让大自然重新赢得它应有的权利。

他所倡导的原理就是为客户提供一个不封顶的空旷外壳，类似一张巨大的蜘蛛网，里面排好一道道纸板挡板，没门没窗（门窗可按客户要求随意裁出）。居住者可以随意安家，或者也可以根据投缘程度择群共处。住房者势必会关心恶劣天气的防御问题，例如会到公共垃圾场去收集塑料雨布甚至钢板，由此便可融入社区生活。家具的配置同样视居住者意愿而定，他们可以使用包装箱、纸板、油桶，等等，借此也能发挥他们的创造力。

主要基础设施——水、卫生间、露天厨房以及排水系统——都属于公用，但照明系统却可以听凭个人意愿。由于为期有限，大多数情况下，这些基础设施都是临时性的：水由直接放在地面的塑料管道接入，排水则通过排污井完成。

这个临时性村庄的构思属于吉·罗提耶对休闲住所更普遍意义上的一种思考。他对栖身性住所（纸板屋）、渐进式住所（螺旋式延展房屋）和流动性住所（飞行式房屋）作了大量建筑研究，从来不会放弃乌托邦式的想法。"在公众的意识中，建筑始终被看作能够住上一代或几代人的可持续元素。随着工业与风尚革命的到来，各种改变应运而至，引发了被交通手段和带薪休假（真正叫作一年一度的夏季移居）大大便利化的临时性移居，由此产生了对为期有限且造价低廉的住房或栖身性住所的需求。对虽然完全可以居住但不再具有初始用途的空间的利用也是在这种情况下出现的，比如机械系统失去功效、但壳体依然完好无损的公共汽车或者液罐卡车。不幸的是，这种新思路没能促成相应立法，于是便有了想象空间。更可惜的是，整个东南沿海如今都已挤满了样子滑稽的度假小屋，一年有10 个月空在那里，彻底破坏了自然景观。"——吉·罗提耶

1968 年创作的纸板房屋

吉·罗提耶 1922 年出生于苏门答腊（印度尼西亚）。1946 年，他在海牙（荷兰）获得工程师毕业证书，随即又于1947～1949 年间边就读于巴黎美术学院边为勒·柯布西耶工作，主攻马赛公寓（UNITE D'HABITATION）和模度系统（MODULOR）。60 年代，他又加入了由尼斯（NICE）艺术家组成的活跃组织，其中就有新现实主义的共同发起人阿尔芒·费尔南德斯（ARMAND FERNANDEZ，即阿尔曼）和马歇尔·雷斯（MARTIAL RAYSSE，1936 年出生，法国造型师——译者注）。作为教师、思想者、建筑师和城市规划师，吉·罗提耶自认是一个无政府主义建筑师，在整个职业生涯中始终在从事面向未来的建筑研究，如今，他的研究越来越不再被人无视，特别是当他的研究触及生态领域（地下房屋、太阳能城市规划）的时候。

弗兰克·

盖里

第一组家具简约边缘，虽然首创于 1969 年，但直到 1972 年才开始推广。最初，这些家具是由百朗（BROCAN）公司在美国制作的，被打造成了廉价工业设计产品的样子；但仅仅在几个月的成功商业化运作之后，盖里就决定把它们从主要销售渠道悉数撤下，以保留它们的神秘感。

十多年后，这位建筑师又设计了一套新家具，实验边缘（EXPERIMENTAL EDGES），这一次改为限量发售，而且外表作了很多创新。

毫无疑问，弗兰克·盖里的纸板家具堪称世界上最出名的家具，甚至成为纸板家具的原型化身。比如露在曲形褶皱座椅纸板外面的沟槽就以极其优美的风格表明，普普通通的瓦楞纸板完全可以被他用来制作最简单的家用器具。他的家具似乎总是一气呵成，而且同时表现出了轻巧与坚固这两种特性。由沟槽形成的律动装饰、风格或单纯或复杂的家具廓形，无不显示出这种设计的独到之处。此外，必须强调一点，这种材料最早本是被他用于建筑产品的，特别是用于以模型形式出现的工程筹备。

随后，自 1989 年起，盖里又用层压纸板创作了弯木家具（BENT WOOD FURNITURE）系列；在他所设计的 120 款式样中，只有两款得到了推广。再后来，他又设计了一把铝板折叠椅。

弗兰克·盖里 1929 年出生于加拿大。1954 年在洛杉矶南加州大学获得建筑学位。1989 年，久负盛名的普利兹策（PRITZKER）奖对他在 1962 年开设于加利福尼亚的建筑师事务所中所从事的工作给予了褒奖。他不仅是著名的毕尔巴鄂市古根海姆博物馆的设计者，而且还是巴塞尔（BALE）附近的维特拉（VITRA）公司博物馆和工厂、巴黎的美国中心以及布拉格跳舞大楼的设计者。

左页：
弗兰克于 1987 年创作的实验边缘（EXPERIMENTAL EDGES）系列之一杆进洞（HOLE IN ONE）

弗兰克·盖里于 1972 年创作的简约边缘（EASY EDGES）系列之曲形褶皱椅（WIGGLE SIDE）

1987 年创作的边缘实验系列之小海狸座椅（LITTLE BEAVER CHAIR）

乔弗雷－德舒姆，全套便携家具

便携系列中频繁用到
三角梁

成人椅, 1979 年　　豪桌/书桌, 1979 年　　儿童椅　　座凳, 1979 年　　儿童组合, 1979 年　　宽大接桌

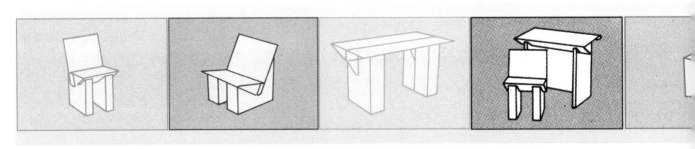

美观　便携系列打造五彩缤纷的舒适性

牢固　便携系列禁得住超高体重，耐得住顽童摔砸，可承受 300 公斤以上的重量

简便　便携系列既不怕水也不怕污渍，瞬间即可擦洗干净

实用　便携系列转眼就能折起或者打开

便携家具

文森特·
乔弗雷－德舒姆

1978 年，文森特·乔弗雷－德舒姆就预裁切与预开槽折叠纸板成套家具的制造注册了一项专利。这项发明成为便携系列的起点，便携系列也是第一组同时具有宽范围（共计 11 件之多）、多变化、多颜色、高质量特色的家具序列。

广告板上的产品说明阐述了创作者的研究成果："便携系列是一种全新生活方式。便携系列还是一组价格低廉、色彩丰富、极其舒适的家具系列。既适合办公也适合居家。客厅矮椅，登高修理时所用板凳，电视、组合音响支架或书架，会议桌以及大小绝对合适的儿童椅……您既可以配置全套便携系列也可混用多种风格。便携系列既牢固又稳当，适合办公和聚餐需要，满足儿童与休闲需求。不期而至的晚宴？那就把储藏的便携系列拿出来。户外午餐？便携系列能够营造快速午餐之角。工作室超小？入夜，可以把便携系列放进壁橱，因为它们折叠以后体积非常之小。便携系列适合所有年龄段。便携系列属于替代性家具。随便使用，随时可用。"

这组序列中的每一件家具都可以变幻出各种各样的闪亮色彩：砖红、草绿、钢蓝、深灰、乳白。便携系列具有防水性，而且从上到下全部上色。表面喷涂的一层清漆令它易于清洗。它还能够承受将近 300 公斤的重量。因为使用了高克重天然牛皮纸，加之三角梁原理的合理运用，它的坚固性得到了充分而有效的保证。只可惜，制作过程中的所有这些优良品质、所有这些达到极致的用心都受到了销售过程的连累，因为对于一款如此朴素的家具来说，卖价显然过于昂贵。由高昂卖价加上"替代性"设计初衷所导致的困境将长期成为众多纸板设计家具系列的潜在威胁。它也是工业设计普遍面临的一大挑战。

少年椅

矮椅，1979 年

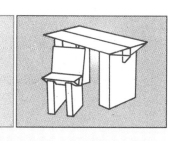

轻巧

便携系列只用用手指尖便可搬动

汉斯－彼得·斯坦日于 2001 年创作的贝尔塔（BERTA）组合架

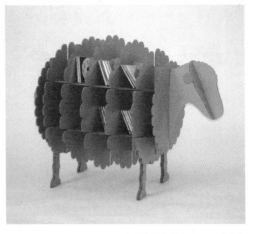

2001 年创作的多利（DOLLY）书架

带杂志抽屉的组合架

纸板家具的各种变化

1987 年创作的板式餐桌

1991 年创作的梦幻床绷

床绷用法节选

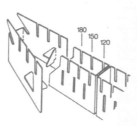

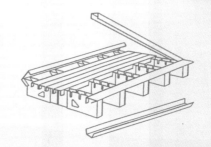

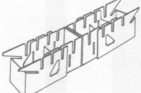

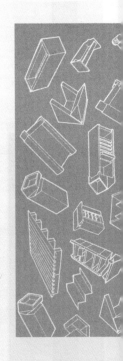

汉斯－彼得·斯坦日

汉斯－彼得·斯坦日于1981年创作的霍克尔（HOCKER）座凳。也是这组家具中最有代表性的一件。

1981年，他完成了霍克尔座凳的设计，这款座凳集所有优点于一身：便宜、100%可再生、便于携带（仅重1公斤），既可以组装也可以自制（由两张一模一样的预裁切纸板构成，不用任何工具即可拼装）。堪称一件永不过时的用品，一款功能强大的坯样。

瓦楞纸板家具具有极其宽泛的序列：壁柜、组合架、整理箱、屏风、座椅与扶手椅、床绷、书桌、餐桌、陈列架乃至用于展览场馆的可调节挡板。所有这些可以自行组装的优异产品都是由斯坦日设计公司设计、生产并销售的。对生产进程的控制成为一种奇妙无比的优势，有时，只需两周时间也可以把一件用品投向市场。此外，斯坦日设计公司对于环境问题也确实十分关注，比如，他们所用的染色涂料全部都是水溶产品。

汉斯－彼得·斯坦日1949年出生于吕贝克（LUBECK，德国北部城市——译者注）。先后完成艺术史与工业设计学业后，他又在一家纸板制造企业实习多时，从而在生产、工艺与销售领域都掌握了扎实的专有知识。1985年在柏林创建斯坦日设计公司。

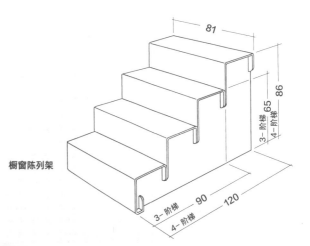

橱窗陈列架

西尔维·雷诺于 2003 年创作的"走向辉煌"（EN ROUTE VERS LA GLOIRE），安放在蒙特利尔的达令（DARLING）铸造厂

2007 年创作的大众工地（CHANTIER PUBLIC），安放在雷恩（RENNES，法国西部城市——译者注）城堡的 40 立方米（40m³）画廊中

西尔维·雷诺

西尔维·雷诺于 1988 年创作的"批评很容易"（C'EST FACILE DE CRITIQUER）

2002 年创作的地牢（DUNGEON），安放在巴黎 3015 画廊

2007 年创作的薄板（LAME FINE），安放于马赛的炼丹炉（ATHANOR）画廊

"批评很容易"就是一张放在画架上的画布，所有部分都是用纸板坯料按一比一的比例做出来的。西尔维·雷诺的这件标志性作品表现了她精湛的功底、出色的技巧和极有耐心的细腻；在人们对当代艺术的意义、形象和特征的质疑声中，她始终是一位核心人物。

选择题材时，她始终追求那些特征鲜明的事物，比如放有保险柜的银行、武器、商业中心的自动扶梯、工地上的机械设备……

在最近几次展览上，她使用了从街上捡来的彩色小物件（塑料碎片、棒棒糖棍……）并用这些东西做成浮雕，以期做到对这个世界物尽其用。

西尔维·雷诺（SYLVIE REYNAULD）1959 年出生于巴黎。在马赛吕米尼（LUMINY）美术学院完成学业。于 1985 年开始纸板创作，但这项创作当时被谨慎地藏在了绘画创作之中。她以西尔维·雷诺（SYLVIE RENO）的化名赢得了国际声望。

德国建筑师与结构工程师弗雷·奥托（FREI OTTO）对坂茂的创作方式作过如下分析："如果说，我们可以轻而易举地做出房屋、宫殿、寺庙、金字塔或者塔楼的纸板模型，那么，很少有哪种材料会像再生纸张一样那么难以用到建筑领域。如果能将模型放大就万事大吉那该多简单！不幸的是，根本不可能，但坂茂却很明确地找到了纸板建造的具体方法。然而，要据此把他称作'纸板建筑师'恐怕就对他不太公平了：他的成就远不止于此。作为真正的建筑艺术家，他知道如何在本专业充分利用从国际范围内获取的科学知识，同时又始终植根于日本的传统之中。"

1999 年创作的纸板管筒应急住房，位于土耳其卡伊纳什勒市（KAYNASLI）

1999 年在日本神户（KOBE）创作的纸板管筒房屋

坂茂于 1995 年创作的山中（YAMANAKA）湖畔纸板屋 [位于日本山梨县（YAMANASHI）

1998 年在日本岐阜县益田市（GIFU，MASUDA）创作的纸板圆顶

坂茂

他以建造宏大的临时性结构开始了自己的职业生涯，比如1989年的小田原（ODAWARA）灯会主场多功能厅以及东大门，后来又以螺旋纸板管筒完成了第一座永久性建筑：即1991年完工的献给一位诗人的图书馆。

在20世纪80年代末期冒险以纸板进行建造确实是一种真正的挑战，因为，在当时的形势下，这就意味着开垦只有理查德·布克明斯特·富勒尔曾经冒险涉足的陌生土地。从技术上讲，一切都要重新发明、重新测试（强度、耐久性）。困难也就在于如何让纸板建筑的安全性具有说服力。自20世纪70年代以来，生态与成本方面的理由已经基本被人接受，但结构安全性究竟如何呢？

坂茂同样设计过应急住房。1995年，他为联合国高级难民署（HCR）设计了供逃离种族灭绝的卢旺达难民居住的帐篷。就是一种借助塑料连接件拼装起来的纸板管筒屋架。同样是在1995年，他还设计了以啤酒箱为底座的16平方米纸板管筒房屋，供在日本神户大地震中受灾的居民暂住。后来，这种应急建筑还在2000年的土耳其卡伊纳什勒地震和2001年的印度普杰（BHUJ）地震中庇护过当地的灾民。

1998年，这位建筑师开始对家具产生兴趣，创作了一组纸板家具系列，起名纸板系列（CARTA COLLECTION），由卡佩里尼公司负责推广。

2000年，当时的坂茂已经和他的工程师们不懈地进行了十余年的防潮、防火、抗弯曲、抗剪力……的强度测试，但他们还是要面对汉诺威世博会安全委员会的犹豫不决，建筑师是被请来筹建日本馆的。尽管建筑师作出了诸多妥协，但无论是技术上还是审美上，这座临时性建筑都不失为一次巨大的成功，为建筑师的名词增色不少。它由一种十分美观的纸板管筒风格结构所构成，上面覆了一层纸膜。

他还与让·德加斯蒂纳（JEAN DE GASTINES）合作设计了梅兹（METZ，法国北部城市——译者注）的蓬皮杜中心，那是一座由薄木板搭建的双弧面大顶棚。

坂茂1957年出生于东京。1977～1984年在美国攻读建筑学，1985年在东京创建自己的事务所，同时从1993年开始兼作教师。坂茂所用纸板具有多种形态：薄膜管筒、壁板、管筒，当然还使用过其他材料，诸如竹片、木板、预制板……

坂茂于1991年在日本神奈川县逗子市（ZUSHI, KANAGAWA）为一位诗人建造的图书馆

塞尔盖伊·格拉希门克创作
的办公家具

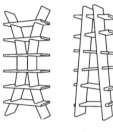

三座长椅

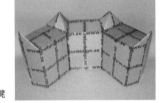

展馆小凳

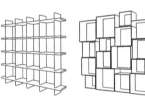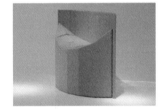

摇滚之心（ROCKING
HEART）、儿童长沙发
以及红五星

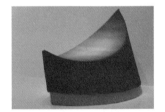

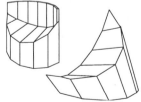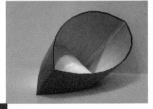

塞尔盖伊·格拉希门克

斯图尔座凳，即 1992 年设计完成的纸板小凳，是按照倒置于尖脊之上的三角面原理由两张折叠纸板构成的。这是塞尔盖伊·格拉希门克在回报设计工作室（RETURDESIGN）创立之初的第一款作品。

自 1992 年起，也就是创建设计工作室那一年，他设计并推广了一套十分漂亮而且十分宽泛的纸板家具系列，包括三个分支：印有标识的展馆家具，应对诸如选举等临时性事件的完美办公家具，面向"城市流动人口"及其子女的理想生活家具。所有这些可折叠、可携带的式样，均系由厚度 15 毫米的三层沟槽纸板制成，并且表现得与创作者同样强健。而回报设计工作室还在商品名录中推出了几款模压纸板和螺旋纸板管筒家具。回报设计工作室的关键词就是：再生性、娱乐至上性、流动性。格拉希门克务求手中纸板回归"冷环境"（ENVIRO-COOL，英国快速制冷公司——译者注）的速成精神，由此再次证明，如何运用纸板取决于创作者的个人追求。

塞尔盖伊·格拉希门克 1964 年出生于敖德萨（ODESSA，乌克兰南部城市——译者注）。在斯德哥尔摩完成建筑学业并定居于这座城市。

长沙发可谓塞尔盖伊·格拉希门克最具特色的一款家具

斯图尔（ZTOOL）座凳，1992 年

由借助摩擦堆积的管筒做成的摇滚组合架

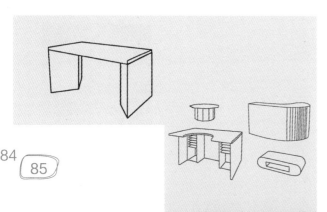

凯瑟琳（CATHERINE）纸板作品

科琳娜·米舒（CORINNE MICHAU）作品

伊莎贝尔·布瓦萨（ISABELLE BOISSARD）作品

瓦莱里·雷塞舍尔（VALERIE LESAICHERE）的瓦莱纸板工作室

盖尔·勒高戴克（GAELLE LE GODEC）作品

桑德琳·桑塔杰塔（SANDRINE SANTAGETA）作品

娜塔丽·波德莱（NATHALIE BAUDRY）作品

他们面临的难题就在于无法回收到大尺寸的纸板。埃里克·吉允马尔建议大家到垃圾箱里寻找车架，因为无论是钢板部件还是保险杠，送货时都会使用巨大的纸板包装材料。还可以到电器商店和床铺专卖店附近进行收集

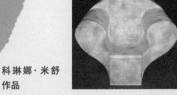

科琳娜·米舒作品

埃里克·

吉约马尔
与布鲁赞公司

正因为需要一把优质扶手椅，埃里克·吉约马尔才在 1993 年做出了他的第一款纸板家具。为此，他在大街上收集了很多大尺寸的瓦楞纸板，并研究出了一种近似木工工作原理的"搭接"建造法。创作者由此开始的是使用可塑性极强的回收材料做出只此一件家具的自由发挥与尽情享受，而远非工业化重复生产的概念与工序，但不排除类似的创作直觉会为工业设计提供某些思路。因为，说到底，没有比直接在现代化社会中的垃圾箱边边角角挖掘所需原材料更加合理的方式了。

从 1994 年开始，埃里克·吉约马尔便迷上了他的新发现，放下原有工作，投身纸板家具，并于 1996 年开始组织并主持最早的纸板家具授业课程。这次奇遇顺理成章的后续发展就是 2000 年与人合伙成立的布鲁赞公司，其目的就是把这门建造技术传授给其他人，后者再按个人意愿在本区开设自己的工坊与课程。我们甚至可以说，纸板家具就是以这种间接方式征服全法国的。

这样的家具人人可做，因为它们都是用最常见的工具以回收纸板做出来的。不仅强度高，而且由于使用了无污染颜料而随时可以清洗。其使用寿命迄今还没有限定，只要细心维护，用上几十年没有问题。而且出现破损很容易修补，可以这么说，它的"手术"很好动。

埃里克·吉约马尔出生于 1965 年。完成造型艺术、平面艺术与传媒学业后，他在广告事务所干得毫无激情。从 1994 年开始，他便全身心地投入到了纸板家具的创作之中。曾于 2007 年出版著作《做出你的纸板家具》（ CREER SON MOBILIER EN CARTON ）。

埃里克·吉约马尔创作的明凳
（ TABOURET MING ）

"建造原理"：

在多张瓦楞纸板上复制并裁切希望制作的式样廓形。再通过以"搭接"方式将其他纸板交叉进行，形成家具骨架。一旦结构完成，只需把预先卷成不同形状的纸板包到骨架上，就可以做出想要的弧形。再用涂胶牛皮纸胶带完成粘接。随后，做好的家具还可以涂上颜色并作防水处理。

特贝设计工作室创作的独家系列
（SERIE EXCLUSIF）之沙发

匹克－帕克之
书桌局部

独家系列之圆椅

独家系列之矮凳

匹克－帕克书桌

标准系列（SERIE
STANDARD）之
灯具与家具

独家系列之椭圆餐桌

2001～2003 年间创作的落地灯

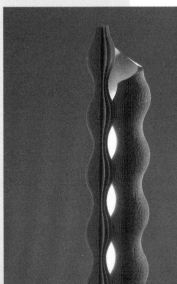

2001～2003 年
间创作的独家灯具

亚诺什·

特贝

亚诺什·特贝创作的可折叠纸板

匹克－帕克之可调节办公家具

他的第一件纸板作品是一只可折叠相框。这款 1997 年设计完成的相框有不同尺寸（4 种款式）和色彩（10 种颜色）可供挑选。一年以后，特贝又设计了他的可调节组合架体系，并自此创作了数量庞大的纸板用品和家具，形成了好几组序列与系列（标准、独家），每一组序列或系列反映的都是他对于民用产品生态设计的一贯追求。他的作品无论在形态上还是技术上都十分丰富多变。

盒子、组合架、广告陈列架、专卖店里复杂而多样的整理架、家用及办公用成套家具、可调节展位挡板……特贝设计工作室地创作匹克 - 帕克系列时大概已经把所有能够做成成套瓦楞纸板家具的东西全都测试并成功制作了一遍。材料的颜色虽然保持自然，但所有拼装都含蓄地藏到了优美的棱角之内，后处理的用心由此可见一斑。

设计者还在面向大众的标准序列中加入了不少独一无二的零件，无一不是为特殊订货而特别定制的。他采用的方法并非将预制元素模压一下了事，而是对纸板的内部展示或建筑结构作了精心设计。

独家系列之两把椭圆椅

亚诺什·特贝 1958 年出生于匈牙利的佩奇（PECS，匈牙利南部城市——译者注）。1987 年，他在匈牙利艺术与设计学院获得了平面设计师毕业证书。

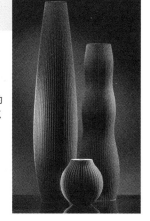

2001～2003 年间用瓦楞纸板创作的仙人掌（CACTUS）系列之弧形花瓶

2006 年创作的无名多屉柜

朱丽·杜布瓦于 2007 年创作的易碎（FRAGILE）多屉柜

2006 年创作的欢喜（PLEASE）多屉柜

2002 年创作的低座扶手椅

工坊一角，2007 年

朱丽·杜布瓦

朱丽·杜布瓦于 2002 年创作的唔唔
（YUM YUM）多屉柜

唔唔，还有 2002 年问世的全套多屉柜家具，既标志着朱丽·杜布瓦在马赛的安家立业，又彰显了她从埃里克·吉约马尔的表达方式中发展出来的属于她自己的创作语言。

她的设计不断净化：涡形、螺旋以及源于动物的灵感创作渐渐消失。她开始保持材料的粗坯形态，并且开始追求浅栗色。回收来的瓦楞纸板上的原有标识被加以巧妙利用，以通过图文来强调这种既流行又怡人的设计风格。再生材料不再无名无分。

如果说，朱丽·杜布瓦全盘吸收了埃里克·吉约马尔的技术，那么，从 2006 年开始，她越来越悖离那种即兴而为、一款一件的创作手法。用于展示厅的多屉柜家具推动她开始研制能够小批量复制的家具式样（迫使她开始掏钱购买原材料！）。她最近在工坊里所作的研究又驱使她开始在组装之前把图案先印到纸板上。她就这样站到了设计殿堂的门槛之上。

朱丽·杜布瓦 1970 年出生于巴黎，在埃斯蒂安学校（ECOLE ESTIENNE）通过了应用艺术中学会考。朱丽·杜布瓦，或者朱丽亚，或者 J 小姐是一位画家、插画师，并自 1995 年起成为纸板家具设计师，那一年，她当上了埃里克·吉约马尔的助手，后者教了她很多建造技巧。

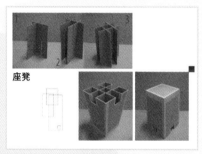

座凳

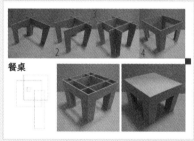

餐桌

可以小批量推广的交易会或博览会家具产品资料卡

生活（LIVING），
2007 年

吉冈德仁于 2000 年创作的表现失重美感的
波普蜂巢（HONEY POP）扶手椅

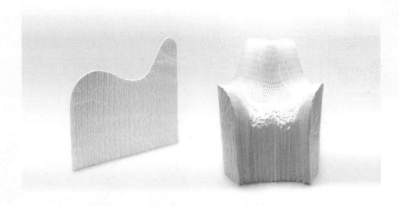

吉冈德仁

波普蜂巢 [由戴·多利亚德（DAI DOLIADE）推广] 是吉冈德仁于 2002 年推出的一款纸质扶手椅，很快引起了关注。它的坚固性极其了得，它的设计风格更彻底底表明了纸张令人闻所未闻的超强潜力。

这张座椅的结构——合起来的厚度不超过 1 厘米——建立在以几何形折叠的蜂窝纸板基础上。为了把这张交货时只是平板一块的座椅"组装"起来。必须把它像一本书一样打开，然后再像手风琴一样拉开，拉展宽度视使用者需要而定。通过打湿座椅表面并小心压实，我们便可以提高舒适性的同时"锁定"波普蜂巢的开放形态。它的越用越旧、也就是所谓的越磨越亮，也属于设计的一部分：万物有灵，它的老化不断增添着它的美观。这种与时间有关的变化或许体现的就是当代设计最具新意的直觉之一。

吉冈德仁曾经作过三宅一生（ISSEY MIYAKE，将纸质刺绣应用于高级时装的设计大师）的助手。这位服装设计师大概也把那种集传统与创新、集耐心的手工创作与最具当代特色的技术于一身的品味传给了他。吉冈的设计不仅限于纸张，因为，除此之外，他同时还是一位舞台布景师，曾经创造过不少由摇曳灯光与梦幻光影打造的美妙空间，此时的美感便与功能结为了一体。

吉冈德仁 1967 年出生于日本。1986 年毕业于东京川泽（KAWASAWA）设计学院，并随即作为实习生在设计师仓俣史朗（SHIRO KURAMATA）的工坊接受培训，还曾当过助手服装设计师三宅一生的助手，后于 2000 年开始独立创作。这位创作者总是毫不犹豫地运用极为复杂的制作工艺，而这样的工艺势必离不开手工的介入。

要想锁定波普蜂巢的开放形态，必须把座椅的纸板打湿

杰内罗索·帕尔梅贾尼创作的图书（BIBLO）书架，65%为再生材料，可以无限调节

1号女士椅

只用一个动作就能打开的美妙（BELLO）座凳

桌子

杰内罗索·
帕尔梅贾尼

栋多长椅——2003年完全以瓦楞纸板设计制作的长椅，在技术上获得了巨大的成功：可更换、可拆卸，坚固，同时又十分美观。

这个设计精巧的成套瓦楞纸板家具序列不愧为创作者的大师之作，它包括一把靠背椅、一张扶手椅、一只座凳、一张桌子，还有一只很有代表性的书架。这些家具全部是用可调节、易搬运的零散部件制作完成的，因为这样的家具主要是为临时性活动的使用而设计的。图书书架系统无论是在长度还是宽度上都可以有无穷变化。1号女士椅和美妙座凳则仅由一张瓦楞纸板组成，这两种座椅都可以只用一个动作就"自动"成形。

杰内罗索·帕尔梅贾尼1978年出生于蒂沃利（TIVOLI，意大利中部城市——译者注）。在罗马创建了自己的乔内罗索设计工作室。

既可裸露亦可铺上红色椅面的栋多长椅

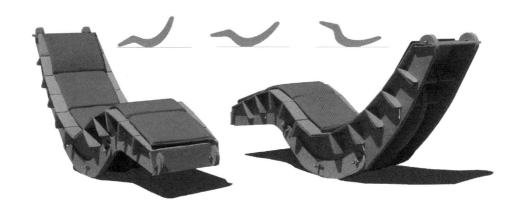

莫罗软椅的模块性示范

莫罗 工作室

自 2005 年起，由斯特法妮·福斯特（STEPHANIE FORSYTHE）和托德·麦卡伦（TODD MCALLEN）在加拿大创建的莫罗工作室便推出了一组名为莫罗软椅的纸制品家具系列。这些家具可以像书一样打开，打开之后就变成了像家具一样的环形座椅，通过磁铁固定装置，还可以无限组合。无论是做成孤岛还是连成蛇形，只要合理搭配，就可以自然生成富于诗意的室内景观。

正是这种"景观设计师"的功能形成了莫罗软椅的独特性，因为，这些家具的蜂窝结构在技术上很接近吉冈德仁的波普蜂巢扶手椅。将纸制品应用于这种几何外形，形成了精巧、质朴、出奇抗压的特征，十分打动人心。这种家具的蜂窝结构可以节省大量原材料资源，所使用的牛皮纸也属于再生产品，并可以继续再生。

斯特法妮·福斯特和托德·麦卡伦分别于 1970 年和 1966 年出生于温哥华，俩人都是建筑师。学生时代，他们就创建了一家多学科设计工作室，起名为福斯特与麦卡伦设计工作室，莫罗工作室只是这家多学科工作室一个负责设计的分支机构。

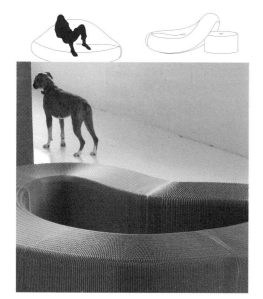

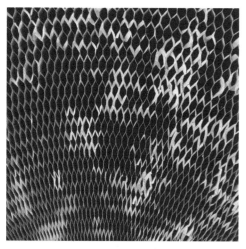

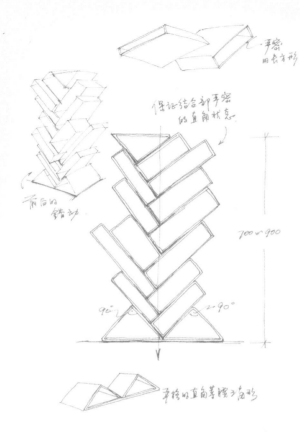

保证结合部严密
的直角状态

前后的
错动

700~900

90°   2~90°

严密
用表示形

严格的直角弯腰三角形

2006 的设计的"现代情绪"
（L'HUMEUR MODERNE）
书架

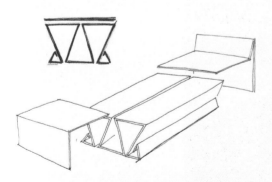

儿童床设计稿

2006 年创作的儿童房

李群柱 与 肖艳瑶

在创作完成了大量纸质雕塑作品之后，李群柱与妻子肖艳瑶又于 2003 年开始设计可以自行组装的纸板家具序列。2006 年，儿童房里的诸多家具（全部染成红色的纸板床铺、桌子、靠背椅、座凳）就此诞生，还有一只称作"现代情绪"的书架（也可当成课桌）。

如果说，创作者的为人既随意又幽默，那么，他的创作风格则充满了讲求技术、甚至讲求科学的严谨性，这种严谨性让他手中的纸制品不仅站得稳当，而且可以承载重量。他所设计的家具序列也因此证得了工业生产的可行性。他们对生态设计在中国市场的广阔前景充满信心。

李群柱 1948 年出生于沈阳，获得过工业艺术设计科技大赛颁发的奖励证书。2003 年，他在沈阳创建了童心（TONGXIN）艺术工作室，这个工作室的名字可以解释为"童真"（ENFANTILLAGE）。

李群柱与肖艳瑶于 2004 年创作的纸天鹅雕塑

2004 年用象牙纸创作的花卉

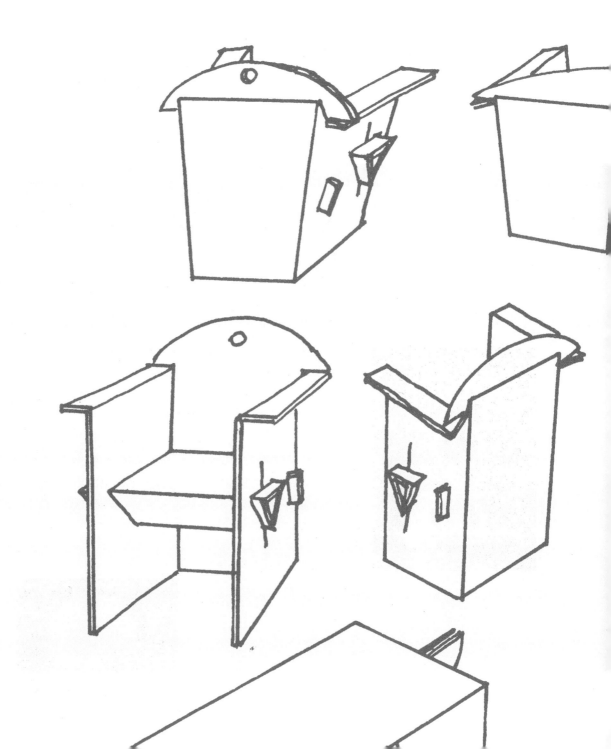

第四章

纸板家族

创造产品系列

1993 年春，意外创造了纸板扶手椅之后，由于完全不知道在我之前有那么多的前辈，总觉得自己作为首创，完成了一次天才的发明，于是开始以百倍的热情为我的创作打造美好前景。

推广

一次偶然的相遇成就了纸板扶手椅的推广：我的一位朋友的朋友，她本人也是设计师，建议我去一趟家具公会的陈设与限制室内挥发物创新评估中心（VIA），找保罗·库歇（PAUL CUCHET）说说，他主要负责帮助年轻设计师与对口的推广机构建立联系。我们的第一次见面具有决定性意义，因为，他虽然被这款产品所打动，而且已经开始寻找推广机构，但并没有告诉我（怕我想入非非）。

一支三方团队就此组成：就在圣日曼（SATIN-GERMAIN，位于巴黎市中心，塞纳河左岸——译者注）街区，离评估中心不远，就有一家小型的豪华家具推广公司，叫作"恰到好处"，公司的"展示室"位于比埃弗尔街道（RUE DE BIEVRE，位于巴黎第 5 区——译者注），发起人伊莎贝尔·米莱（ISABELLE MILLET）是一位建筑师，随时准备发现新作品，几天前刚刚拜访过保罗·库歇。

伊莎贝尔被这个主意深深吸引，那就是在她的豪华系列中再加入一组非常廉价的临时性产品，两组系列不仅相互映衬，还可以表明，优雅并不取决于价格，而是取决于外形与创意。

团队成功组建，立刻开始工作：而保罗和我则开始寻找愿意为第一批产品提供帮助的纸板制造商，伊莎贝尔负责面向客户测试产品性能。第一批纸板报价单一到，保罗就做出了各种产品价目表，为了了解公众与专业人士的反应，我们一起组织了最初几场博览会，并在评估中心用改进后的产品原型举办了第一场展览，这些产品都是用三层沟槽的瓦楞制作的，提供纸板的那位比利时制造商很看好我们的产品。

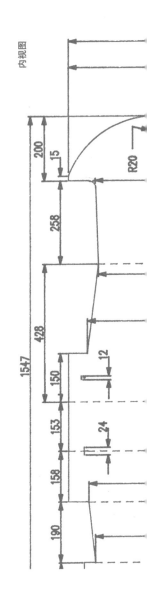

第一批产品

纸板制造商博特（BOWATER）专门擅长制造大型包装纸板以及谷物包装箱，同意用他的对折型压力机帮我们制作首批产品——1000把扶手椅，每把要价30法郎（这个要价水平明确了我们希望达到的100法郎的零售价格）。只是先要筹到10000法郎用来购买裁切模具（两片嵌有一连串钢片的胶合板，把胶合板安到压力机上，钢片就能在压力作用下将纸板切断）。

内视图
左侧：
1993 年时的第一把纸板扶手椅制作平面图

右侧：
先做成平板再进行组装的扶手椅。坐在其纸板扶手椅中间的奥利维埃·勒布鲁瓦，摄于2000 年

那段时间，我的第二份职业，即我从事的教授建筑学课程的工作对我帮助很大，因为我在建筑专科学校组织的一次手工裁切纸板原型作品展上以预订或预售的方式卖出了100把扶手椅，正好够我支付纸板加工工具。

加工过程从头到尾持续了4个月，眼看到年底了，我开始明白，一件物品的设计，就像我从事第一份职业时的建筑师工作一样，在整个研制过程与必要的生产时间中只占了很小的一部分。

第一批产品做好以后，就该通知媒体、组织博览会接收首批订单了。这时已经是1993 年9 月了。

博览会接待的公众与记者人数完全超出了我们的预期：好奇的观众在展厅里排起了长队，所有关注时尚的刊物以及所有当天出版的报纸都发了文章，电视播了3次，《纽约时报》登了一篇文章，伦敦《泰晤士报》登了一篇文章，好几个国家邀请我们前去推介产品。幸好保罗·库歇及时警告我们，舆情上的成功与尚无充分把握的销售业绩之间没有必然联系，从而给我们发热的头脑及时降了温。

实际上，尽管宣传效果热闹非凡，但销售迟迟没有进展。零售商业网络的动作非常之慢。必须承认一个事实，如果说，出于各种动机对产品喜爱有加的顾客让我们大受鼓舞，那么，纸板扶手椅似乎更像是他们的关注对象，而不是日用消费品。

黄金、混凝土与纸板

写到这里，我觉得有必要从哲学、历史、艺术、科技的角度，并明确地从商业的角度对纸板家具的存在理由作一个回顾。

作为建筑师，我对纸板这类"简陋"原料有一种先天的好感。它是对整个建筑文化的一种延续，像美国的震教徒（SHAKERS，属于基督再现信徒联合会，因教徒在集会上集体震颤身体唱歌跳舞而得名——译者注）、维欧勒·勒杜克（VIOLLET-LE-DUC，1814-1879 年，法国建筑师——译者注）、艺术与工艺美术运动（MOUVEMENT ARTS AND CRAFTS，1860 年起源于英国的艺术改革运动——译者注），以及后来的阿道夫·鲁斯（ADOLF LOOS，1870-1933 年，奥地利建筑师——译者注）、勒·柯布西耶以及希望靠材料自身表现来恢复其声誉的所谓"粗野主义"运动（MOUVEMENTS "BRUTALISTES"），参见亨利·卢塞尔·希区柯克（HENRY-RUSSELL HITCHCOCK）所著《因材适用》（IN THE NATURE OF MATERIAL）一样，可以上溯到 19 世纪中叶。

在导师安·李（ANN LEE）的清规戒律中，震教徒们深入研究了他们精心加工的木头与金属材料与形状之间存在的最大限度的一致性，并因此成为最早一批集功能主义与简约主义于一身的设计师。他们的作品比他们的建筑更能经受时间的考验。震教徒们比威廉·莫里斯（WILLIAM MORRIS，1834-1896 年，极其多才多艺的英国建筑师——译者注）发起的艺术与工艺美术运动和英国的新艺术运动（ART NOUVEAU）略微超前了一小步。

就建筑论建筑，从老老实实做建筑、教建筑的正人君子欧仁·维欧勒·勒杜克，到将对象征性空间的必然认识纳入其真理追求范畴的阿道夫·鲁斯，可以列出一长串专有名词。包括勒·柯布西耶、夏洛特·贝里安（CHARLOTTE PERRIAND）、皮埃尔·夏罗（PIERRE CHAREAU）、格里特·里特维尔德（GERRIT RIETVELD），以及让·普鲁韦（JEAN PROUVE）虽然不引人注目但却具有开创意义的建筑作品，时至今日，又新添了与帕特里克·贝尔热（PATRICK BERGER）、让·努维尔（JEAN NOUVEL）和雷姆·库哈斯（REM KOOLHAAS）的建筑同样独特的其他一些建筑作品。从一件作品到另一件作品，一切都表明，建筑师的工作就是要把每一种材料都运用得恰到好处，不带任何好恶取舍，就像画家或音乐家不会专门侧重某个音符或者某种颜色一样。

此外，自以达达主义（DADA，20 世纪一二十年代出现于欧洲的一种以废除传统文化和审美观念为主的无政府主义艺术主张——译者注）、毕加索和贫穷艺术（ARTE POVERA，20 世纪 60 年代以朴素材料进行创作的意大利年轻艺术家的创作风格——译者注）为代表的艺术风格问世以来，一种全新的艺术传统开始倾向于重新发现用于日常消费的普通材料的功效。库尔特·施维特斯（KURT SCHWITTERS）最初的拼贴作品、嘉博（GABO）与佩夫斯纳（PEVSNER）的构成主义雕塑、杜尚（DUCHAMPS）的"现成品"（READY-MADE，将现成物品直接当成艺术品的创作手法——译者注）以及布拉克（BRAQUE）和毕加索的立体主义拼贴作品，无不引导我们重新发现了"已有形态"（DEJA-LA）令人振奋的各种功效。像我这种当教师的，经常会与学生们一起用纸和纸板作为基础材料制作各种建筑模型，如果考虑到这样的实践活动，那么，对纸板的喜爱（我的意思是深刻理解）自然使我对这种材料有了清醒的认识，或者更确切地说，产生了信任。不管怎么说，我用了 20 年的时间告诉学生："如果用纸板做完立得住，那么用混凝土做完就有可能立得住。"我其实只是把这句格言颠倒了顺序。

折纸术

就算日本折纸术使用的纸张折叠技术与纸板扶手椅没有一点因果关系，描述我的纸板家具时，我肯定也会重点强调折纸作品那种集轻盈与几何效率或形象效率于一身的外在表现。何况，继扶手椅之后，我很快又马不停蹄地研制出了其他家具，特别是只用一张纸板做成的靠背椅和桌子，确实用的就是折纸术的原理。这种通过纸板变形追求最高简约化的做法，大概就有点近似于道家的苦行，或者密斯·凡德罗（MIES VAN DER ROHE）的"少即是多"（LESS IS MORE）、扬克里维奇（JANKELEVITCH）的"几乎没有"（PRESQUE RIEN）以及杜拉斯（DURAS）的"没这个必要"（C'ETAIT PAS LA PEINE）。此外，如同折纸术一样，几何图形（三角梁）与常规造型["方形沙发椅"（FAUTEUIL CLUB）的隆起椅背]在这款纸板扶手椅中形成了完美的结合。

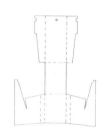

节省型

这虽然是它的首要使命（每把扶手椅 15 欧元），但这里有一个难点需要留意。

我的记忆里始终保留着保罗博士上过的一堂课，他说过，从包装到仓储，中间还包括运输费用，以及推广商和销售商应得的报酬，而且还有设计师所占的费用比例，虽然肯定很小但却绝对不可忽略，就算是在最好的情况下，制造成本也得乘上 4 倍才能构成公众销售价格。而且，受多国交叉买进（我们永远不知道所用纸板究竟来自美国还是瑞典）的影响，产品造价（以牛皮纸作为瓦楞纸板的原材料）还会根据纸张行情快速波动。1995 ~ 2000 年间，纸价行情便曾翻过一番，尽管我们已经用双层瓦楞纸板做出了更精巧也更经济的原型，但要保持有吸引力的低廉价格还真不是一件容易事。

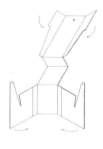

生态性？

人们经常会在提到纸板家具时把生态性作为一种支持论据。

法国纸张与纸板工业界提到，通过使用疏伐木材，它为法国的森林发展作出了积极贡献，它还使用了 50% 的工业用和家用再生材料，并且全面参与了对垃圾的更优化管理，进而为环境保护尽了一份力。

另一方面，在纸张与纸板工业中，牛皮纸行业可以说是最环保的，它使用了 80% 的再生纸板，而且既不用氯也不用任何漂白物质。

每次就这款扶手椅的加工方式征求艺术家意见时，他们的建议总是那么五花八门、幽默诙谐、随机应变，让人无法适从

这一点固然重要，但必须防止就此出现的各种得意情绪，因为，一方面，反对意见依然存在，另一方面，要想完善生产进程，还有很长的路要走；其实，因为行业分工的缘故，建筑师很清楚，最清洁的建筑材料肯定非钢铁莫属，钢铁所使用的 80% 都是再生原料，而且比纸张和纸板吞噬的树木和化学产品要少得多。另外，因为纤维经过了一而再、再而三的打碎过程，再生纸板的美观性、特别是强度肯定比不上全新纸板；要想保持可重复的折叠性（500 次）和光洁的外观，我们只能把再生纸板用于夹层内的沟槽，表面还得使用全新的牛皮纸，这样，再生材料的占比也就只有 50%。从这个意义上说，纸板扶手椅的生态性要比塑料椅强；但我们绝不能被理论上无懈可击的表面现象所迷惑，毕竟可持续发展最根本的要求是深刻改变我们的消费习惯。

所以我们偶尔会听到夸奖纸板扶手椅相当不错的议论……而对其他人来说，就像经常听到博布尔（BEAUBOURG，位于巴黎第 4 区的一块小高地，蓬皮杜文化中心就坐落于此——译者注）那家"炼油厂"（RAFFINERIE，法国人对外表布满各种管道的蓬皮杜文化中心的谑称——译者注）放到"别处"（AILLEURS）效果更好的议论一样。纸板扶手椅主要适用于城里：它怕湿，需要地面平整，还需要一定的精神高度。

舒适性

在我看来，这一点才是它的最主要的存在理由。纸板不仅摸上去很柔软，而且还能让人感到保温材料特有的温热。里面还含有木片、细线或者气泡，具有较低的导热性，可以防止你的体温流失。另外，与质地坚硬的木材或金属材料相反，略带弹性的纸板能让我们在上面坐卧更长时间。家具的尺度与角度有利于我们端正坐姿，具有运动医疗与精神治疗的诸多好处。马蒂斯（MATISSE，1869 ~ 1954 年，法国野兽派画家——译者注）喜欢重复这样一句话，一幅好油画可以让干了一天活儿的工人得到充分的休息，更何况是一把扶手椅。但我们不作过多奢望，文艺作品自是雅俗共赏（而且还会持续相当一段时间），而扶手椅主要适合的对象则是布波（BOBO，即布尔乔亚与波希米亚的缩写组合词，指既追求物质享受、又渴望自由浪漫的小资一族——译者注）一族。

适应性

纸板一直是画家最欣赏的草稿与画板载体，而且看到被亚麻油染成金黄色的留白（没被画上的部分）还会心生快乐。不过我指的却是建议大家涂到家具上的丙烯酸涂料，

毕竟它能给家具带来第二次生命，因为这些家具必须对最五花八门的心血来潮和创作技巧具备足够的适应性：无论是粘贴、填充、装套还是裁切，它都来者不拒，而这款扶手椅的原型能有现在的形状恐怕也难逃这样的干系。

离题

从开玩笑到骂脏话，纸板扶手椅一开始总是让人忐忑不安（谨小慎微地用屁股沾一点边，同时紧紧抓住感觉不够结实的扶手），直到挨上椅背，一颗心才算踏实下来，于是全身放松，开始抚摸温热舒适的牛皮纸椅面。

它的外形设计同样让人既吃惊又熟悉，因为，与通常都会被设计过度、被署名设计甚至被要求署名的当代作品相反，纸板扶手椅追求的则是无名无分、老少咸宜，尽管和方形沙发椅（由另一种同样属于浅栗色的材料制成，给人的印象是那么的舒适、温暖，甚至让人觉得富贵大气、有益于静思冥想）有某些相似之处，但它几乎只能与平庸画上等号。

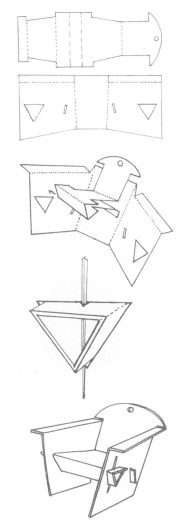

独创专利：三角梁

在投入纸板扶手椅的冒险之前，我对纸板家具系列和便携系列一无所知，只是在搜寻与获取专利有关的先占性注册时才发现了这一切。如果从一开始就对这两组系列有所了解，我都不知道还会不会继续我的研究：人常说无知有时也有无知的好处，因为，非常幸运的是，专利工程师居然认可了我在系统运用三角梁方面的独创性。

保护一种外形设计或一款式样最简单的方法就是把你的"独奏"信封 [ENVELOPEE "SOLO"，此处借用了发音相近的 "索洛信封"（ENVELOPPE SOLEAU）一词。索洛信封是由法国发明家索洛于 1910 年注册的专利，1986 年，法国以决议形式对这种专门用于证明某项知识产权先占性的专利注册工具作出了规定——译者注] 递进去，一旦被国家工业产权局（INPI）收录，就证明你的设计具有了先占性。再说全面一点，式样注册成功虽然可以同时为外形设计提供保护，但并不妨碍你对其中某条画线或者连线作出改变。所以说，只有注册发明专利才能真正地、全面地保护创作者的利益；而且还得有一位专利局工程师宣布受理你的申请，并证明你的发明确实具有全新的外形与真实的技术特征。为此，他必须按照程序充分研究 40 年来同一领域里选项注册的其他专利。折叠纸板家具就经过了这样的研究（让我十分惊讶的是，居然有 3 名法国人和 4 名美国人都曾注册过类似的发明专利）。不过，负责受理我的申请资料的那位工程师还是好心地认可了为所有家具增加强度的三角梁的独特性，并且批准我注册了一项特别专利。

再怎么说，在家具领域注册专利也是一件既麻烦又费钱的事，但自从注册成功以后，专利局又启动了一项新的程序，不仅不麻烦、不费钱，而且对我很合适：那就是针对新发明者推出的告知程序。我可以据此要求他们出具一张"实用证书"（CERTIFICAT D'UTILITE），虽然不包括对先占性的搜寻程序（这也是专利申请中最费钱的部分），但却可以有效保护你的发明，当然事先要获得一位专业工程师对申请专利可行性的认可。

法国当局似乎正在努力简化某些程序。专利局方面针对私人创作者出台的适应性做法值得肯定，毕竟这项规定的首要目的还是保护法国工业。

专利、锤子与苍蝇

法国的专利算是注册完了，但欧洲专利的注册程序却更加复杂，而且耗资更加巨大，注册过程持续了一年时间。由于通过律师和翻译中介在每个国家进行注册的费用过于庞大，我没有坚持注册国际专利的初衷。其实，注册专利最大的好处就在于帮你获取先占性信息，阻止可能存在的竞争对手，但对技术含量不高的简单用品而言，真正的保护还是要靠媒体带来的口碑效应以及具有竞争优势的企业通过精心研制提供的最佳性价比。好在我们都做到了，主要是因为我们把最重要的生产环节都交到了世界纸板巨头凯塞斯贝尔公司手里，由位于皮卡第大区（PICARDIE，位于法国北部——译者注）圣瑞斯特昂舒塞市的那家欧洲最大的瓦楞纸板工厂进行生产，这家工厂可以制造出高品质的双面双层纸板，并用滚筒压力机进行连续裁切。

说到质量，纸板表面用的都是全新的长纤维牛皮纸，保证了耐受重复折叠的强度。随后又在纸板表面涂上了一层淀粉浆，以防家具表面有可能出现的污渍：矮桌与写字就餐两用桌就此可以避免咖啡洒出带来的小小灾难；海绵一擦便光洁如新。

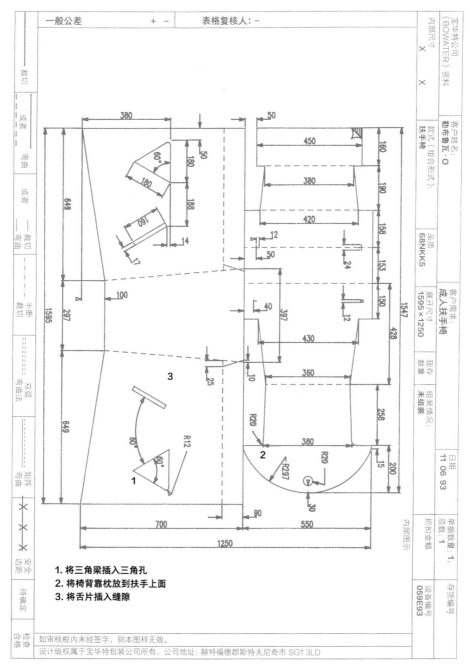

一般公差 ＋ － 表格复核人：-

宝华特公司
(BOWATER) 资料

内部尺寸
X
X

客户姓名：勒布鲁瓦·O
款式（组合形式）：扶手椅

客户需求：成人扶手椅

品质 68NKK5
展开尺寸 1595×1250

现存数量
组装情况：未组装

日期 11 06 93
单据数量：1，
总数：1

存货编号 059E93
设备编号
折扣金额

内部图示

60°
180
50
180
188
180
14
17

380
50
450
380
420
160
190
158
153
150
12
50
24
40
397
12
430
10
360
25
R20
2
R20
R297
30
1547
428
258
15
200
1595
649
297
100
649
700
90
550
1250
3
1

60°
60°
R12

裁切
或者 弯曲
或者 — 裁切 — 弯曲
-------- 半断 裁切
======== 弯曲 双弧 弯曲法
矩阵 弯曲
X—X—X 安全边距
待确定
称查 合格

1. 将三角梁插入三角孔
2. 将椅背靠枕放到扶手上面
3. 将舌片插入缝隙

如审核框内未经签字，则本图样无效。
设计版权属于宝华特包装公司所有，公司地址：赫特福德郡斯特夫尼奇市 SG1 3LD

原型注册人：奥利维埃·勒布鲁瓦（OLIVIER LEBLOIS）

108 109

香港复制品

尽管我们下了这么大力气进行保护，可香港很快就出现了一款复制品，比例也不对，折叠也不到位，纸板质量也很差。

我想通了，与其急派一位律师赶赴当地，还不如就让这件复制品自生自灭，更何况我们在中国不受保护。

不久之后开始推广的索卡尔（SOCAR）扶手椅是对我那款座椅更巧妙的一次复制尝试。纸板制造商索卡尔从一位年轻设计师那里订购了一把扶手椅，由自己的公司直接制造并销售当然赚得更多。我们不禁为设计师的名字始终不为人知而感到惋惜。在纸板座椅中，它显然属于后来者，而且设计思路明显与我们相反：虽然采用正方形状，而且外表也很简单，但重量转移过程过于复杂，是由藏在椅面下面的很多部件一起完成的。这款扶手椅的市场销售似乎不怎么成功。

试验

我找到的第一家纸板制造商是比利时的宝华特公司，杰拉尔·希斯（GERARD SIX）经理是这家公司的代表，此人虽然很可爱，但也很挑剔，我们一起投入了扶手椅的强度试验，首先是靠背椅的垂直承重。每块皮重10公斤的钢锭被一块一块放到了椅面上，一直放了20块，没有引起任何晃动或者变形。

惰性强大的三角梁创造了奇迹，安了三角梁的扶手椅居然承受住了200公斤的负荷（用《纽约时报》的话讲，相当于3个设计师的重量，尽管本人没有坐到上面）。加到第23块时，靠背椅腿开始晃动，加到第25块时，扶手椅发生侧塌，但三角梁依然没有撕裂。

我们还做了其他剪应力试验，特别是三角梁应力下的侧柱支撑试验。

扶手椅的总强度已经查明，不过有一个小小的缺陷，在动态横向负荷的推动下（也就是坐在靠背椅上向一侧倾斜时）容易发生侧翻，这个问题有待以后的第二款式样去解决。

香港的假冒扶手椅与桌子。

由 TTK 整理箱公司（TTK RANGEMENTS） 于 1996 年创作的瓦楞纸板方形沙发椅

经夹板加固后的改进型纸板扶手椅

从生产到销售：价格战争

根据纸板、机器类型以及制造数量的不同，我们一共找过 5 家纸板制造商。每次更换制造商时，都要根据产品的特殊要求对负责人进行一番培训，与包装材料不同，这些产品容不得半点差错。

要想打赢价格战争，就必须使用性能更好的机器对纸板进行旋转裁切（一秒钟一张而不是一分钟一张），但这种裁切形式不仅费用昂贵，而且要求的数量巨大，对于这类价格低廉、无法承受长期仓储负担、只能实时生产的产品来说，构成了一种彼此冲突的限定条件。

包装、仓储与运输

为了避免没有意义的运来运去，必须在生产现场进行包装：与各家劳动救济中心（CAT）的协议已经达成，只是再生纸板的包装成本实在太高，相当于被包装产品的四分之一到一半。不过，我们也不可能求助于类似泡沫塑料或者塑料薄膜这样更简便的包装材料，因为纸板就怕见阳光，一晒颜色就变深，不该变色的地方如果变了色就会显得非常难看。

至于在巴黎地区找到的仓储地点，充其量也就算是家具贮藏室，每一托板货物的存储费用，都贵得只能靠路易十五式的多屉柜才赚得回来。这个环节也一样，仓储地点更换得过于频繁，后勤事务一点也没让人省心。

最后，运输也只能靠每次的少批多量而不是多批少量尽可能降低频率。

总之，整个过程让我最终明白，在我们这个商品社会，简单而经济的物品总是很难在大卖场以外的其他地方进行出售。不过，虽然纸板家族经常嘲弄富有的奎斯诺伊 [LE QUESNOY，法国电影"生命宛如幽静长河"（LA VIE EST UN LONG FLEUVE TRANQUILLE）中的主人公，以下的格罗赛出自同一电影——译者注] 家，但它的日子其实过得并不像格罗赛（GROSEILLE）家那么寒酸，如此说来，生命并不宛如幽静的长河。

客户

每名顾客都有自己的采购动机！

这场冒险最有意思的看点就在于每次遇到的热心买主都有着不一样的动机。来多少客人就能让我们发现多少不能不卖的理由：心理治疗师是不想每次病人排出体液后都换一次靠背椅，运动治疗师是想布置出一间候诊室，做新郎是要张罗一次午宴，老年人是为了能拖着靠背椅从一个房间走到另一个房间，画家是想用纸板充当调色板，老奶奶是为了当礼物送给孙子，让他看看她有多时尚，银行家是想表现自己的节俭精神，周六晚上应邀赴宴的客人路过商店时觉得把我们的家具送给主人比送一瓶葡萄酒更上档次。还可以摆到汤姆逊（THOMSON，法国电子产品生产商——译者注）商店营造音乐欣赏之角……展示再生产品家具、布置电视演播室、摆到临时一用的快艇上……

通过百货商店销售

如果不用在店里一站就是一天，那么通过百货商店进行销售还真算得上是一种乐趣。见识各种带着好奇心只想看你如何说服他们的闲逛之人，向他们展示家具组装何等神速，确实是一种乐趣。可能我骨子里就是个哗众取宠的人，可这么多陌生人围着我，确实调动了我类似给学生授课的讲解热情，让我感到很是得心应手。

时髦产品？

对，没错，可问题就在这里。在尚蒂利（GENTILLY，法国中部市镇——译者注）交易会上推介这款扶手椅时我曾借机试探过社会底层各种人员的反应。运气实在不好，只能把刚生出的自豪感强行压下，因为众人的反应几乎完全一样："也太不拿我们当回事了，真够难看的，纸板还卖这么贵！"

事实上，尽管来的客人形形色色，但我不得不注意到，真正的客户永远不变，只有三类人：纯粹的知识分子、布尔乔亚波西米亚一族和大学生。

很快进入超市销售？

尽管发现了真正的客户，我还是觉得是时候为这些家具争取更大的销售范围了，毕竟它们现在已经获得了某种文化上的合理性，并且以只能在超市销售的价格推出一组漆着各种鲜艳颜色的家具系列。我没出息地认为，只要把价钱降到10欧元一把，摆在货架最前面的扶手椅肯定能找到买主。

广告媒介

利用组织广告宣传，我们实现了几次最大规模的销售：

—由欧米亚（OMYA，瑞士碳酸钙生产企业——译者注）涂料公司推出幼儿园大赛，订购了 5000 把儿童扶手椅，供各年级各班的孩子涂漆上色。

—法国电信在法国境内的 2500 家零售店里每家摆了两把特意涂成蓝色的扶手椅，扶手上还配有小口袋，用于回收调查表。

—几家环保组织买了我们的靠背椅做活动。

— 一家保险公司在我们的靠背椅上贴上了吸引大学生的标语："如同坐进扶手椅"。

—医师公会召集全体会员开会，会后每人都带走了不少礼物，包括自己坐的那把扶手椅。

—何况还有那么多使用纸板展具的博览会、使用纸板桌椅的展览摊位、摆设纸板家具的公共场所。

最有意思的博览会之一就是在卢浮宫卡鲁索商业中心（CAROUSSEL DU LOUVRE）举行的折纸术博览会，我为这场博览会组装了一间纸板屋，因为摆了几张写字就餐两用桌，于是这间纸板屋就在情景交融的禅定氛围中变成了一间打坐练功房。

创作载体

我们两次请来艺术家为扶手椅和屏风设计装饰。第一次是为了找出一种有助于商业推广的着色手法（经过我的努力，最终选定了建筑师皮埃尔·德洛姆 [PIERRE DELORME] 的中国式扶手椅）。第二次的场合是专门在人来人往的地方举办的人道求助拍卖会，这一次选在了艺术高架桥（VIADUC DES ARTS，位于巴黎第 12 区，那里聚集了各种各样的艺术工坊——译者注）上，彼得·克雷森（PETER KLAYSEN）、弗朗索瓦·马丁（FRANCOIS MARTIN）、怪癖小姐（MISS TIC）以及 40 多位画家分别与扶手椅进行了一场装饰对话。最后，还有很多装饰艺术工坊，它们经常购买我们的扶手椅和屏风，当作绘画载体。

为法国电信 ITINERIS 移动电话部门丝印的扶手椅

蛾（WON）式屏风

第二次离题（这一次指的是空间距离）

纸板家族的冒险历程充满了意外、误会与缺乏了解引发的趣事！

西班牙：一家名为苏豪（SOHO）的日本公司希望大事铺排地在巴塞罗那奥运村举行商店开张典礼，把我请去做活动；两天的展示做下来，报纸和展销人员采访了我半个月；住的是五星级酒店，关怀得无微不至……但他们自始至终一把靠背椅都没有订购！他们的想法只是要用一场活动吸引人群，就算是一场马戏表演恐怕也能直到相同作用。这件事情让我想到了日益成为媒体焦点的虚拟建筑，虽然被大家广为称道，但从来没有建起来过。

加拿大：加拿大海关关员在电话里急切地说道："拉着 50 把靠背椅的货车刚刚经过，不过只剩下 50 个空箱子了！"实际上，50 把靠背椅如约而至，只是关员们只看到了与座椅概念完全不一样的又扁又轻的小盒子。

1998 年，我们的加拿大买家、家具小卖部（KIOSK MOBILIA）经理罗伯特·吉迪（ROBERT ZIDI）打算搞一次广告宣传，把我和一位叫作杰弗瑞·罗什（JEFFREY ROCHE）的宣传专家请去共商计策；很多创意都是这次见面谈出来的。

德国：我的姐夫是一位家住汉堡的德国人，商业头脑不亚于汉萨同盟（LIGUE HANSEATIQUE，12 ~ 13 世纪中欧的神圣罗马帝国与条顿骑士团诸城市之间形成的商业、政治联盟，以德意志北部城市为主——译者注），进出口生意做得有声有色。他决定在德国帮我们推销产品。可惜德国人并不认可这样的家具，存货只能堆在仓库里直到烂掉。在我的一再追问下，他最后只好把实情告诉了我，在一次转移库存时，因为所有人都不知道留着这些包装纸壳有什么用处，所以一把火全都烧掉了。

日本：进口了我们第一批扶手椅的那家公司发来电报："我们很欣赏你们的扶手椅，认为它在日本很有发展前景，只是你们应该把那些丑陋的中国筷子全部清除掉，不仅与这款扶手椅一点不协调，而且总会让人想到不雅的语汇"。

还有什么执行员一来就扣押了一个装满纸板的公寓房，类似这种顾客自己编的笑话我就不一一列举了。

看看法国顶尖工程师做出来的是什么。

纸板扶手椅

呃，这帮疯狂的巴黎人。

纸板扶手椅

就是那些给你带来过香槟、松露和埃菲尔铁塔的人做出来的。
一把纸板扶手椅

纸板扶手椅

怎么见得你就不是一个心浮气躁、不择手段、浅薄势力的雅皮士。

纸板扶手椅

概念研发

要是这组"简陋"的家具系列真能引起大家思考如何与其他材料组合开发的研究兴趣，那我肯定会很高兴。在我看来，某些蜂窝或复合材料、比如内芯镀一层铝（即瑞士铝业公司的铝塑复合板）的轻巧金属夹层板，有着十分令人感兴趣的潜力，我以这种材料为主制作了几种原型（桌子和靠背椅），虽然前景可观，就是成本太高。如今，被大众普遍掌握之后，这种材料不仅被中国低价仿制[华源铝塑板（ALUCOBEST）],而且也被欧洲人以镀铝或者除痕处理[雷诺板（REYNOBOND）]等趣味方式进行仿制。另有一种刚刚问世的双层镀铝板[凯塞斯贝尔形材公司的安极板（AKYBOND）]新材料，以蜂窝状聚丙烯为内芯,完全可以承受类似的反复折叠。市场反应可能更加冷淡，但其寿命也会更加长久：无论如何，我们都会沿着这条道路走下去，做出更多的桌子、组合架，而且完全还可以再为这个家族增添一些新成员。折纸术始终拥有令人期待的前景。

塑料（聚丙烯）也可以按照可形成美妙双弧面的曲线棱边进行折叠，比如我打算推销的旋风（CYCLONE）扶手椅。只要能找到两个锥面之间最适合的接合方式，这种式样完全可以以无孔纸板为原料研制而成[类似萨巴塞姆公司（SAPACEM，法国纸板制造企业——译者注）产品]。

展现在我们面前的还有其他几条道路，可以使用以蜂窝板或弹力胶板为内芯的夹层材料：包括透明或半透明聚碳酸酯、新型非织造布以及设计师认为可以投入生产的其他各种复合材料……当然，前提就是，不懈追求相关产品的舒适性，同时佐以趣味性和轻盈性，换句话说，就是要让人几乎感觉不到它的存在。

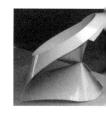

奥利维埃·勒布鲁瓦用聚丙烯材料创作的旋风扶手椅

奥利维埃·勒布鲁瓦用铝塑复合板创作的写字就餐两用桌

待黏合表面

黏合效果

折痕

部件2

折叠效果

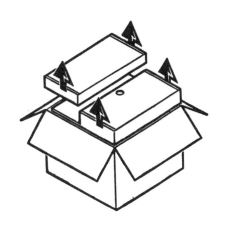

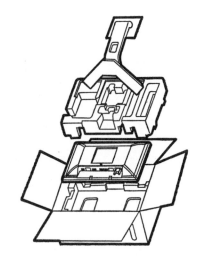

建筑、艺术与设计

时至今日，建筑、艺术与设计已经形成了一个范围广阔的连续统一体（CONTINUUM）。工业革命又为这种统一提供了背景平台。这次统一以两位标志性建筑师为代表：彼得·贝伦斯（PETER BEHRENS）以及沃尔特·格罗皮乌斯，前者是包豪斯的首位建筑设计师，后者是包豪斯的首任院长，并发起了一项由多位著名画家 [保罗·克利（PAUL KLEE）、瓦西里·康定斯基（WASSILY KANTINSKY）、约翰·伊顿（JOHANNES ITTEN）以及利奥内尔·费宁格（LIONEL FEININGER）] 共同参与的研究活动。

全球化进一步加强了全球相对于地方的霸权性，对此，雷姆·库哈斯曾以激烈的言辞骂道："去他妈的周边环境"（FUCK THE CONTEXT）。这位建筑师让我们看到了针对城市形态规划与类型规划所作的深入研究与一个从今以后只以 60 年而不是几世纪为期建造楼房（比如中国香港和朝鲜就是这样）的时代之间存在的对应关系。

追求速度、短期审美效应以及对古旧城市类型的改造把属间杂种（HYBRIDITE GENERIQUE，指不同属的两个个体杂交所产生的杂种——译者注）的概念带到了四面八方，让人至今难以认同。

作为研究对象的建筑，正在以"二进制大对象"（BLOB，即以二进制形式存储的文件类型——译者注）和左尔格鲁布 [ZORGLUB，参见斯皮鲁（SPIROU）与尚皮尼亚克伯爵（LE COMTE CHAMPIGNAC）的故事][1] 式的行事方式赢得比赛，而图像与工业流程的数字化革命（数字化切割）则成了它最主要的同盟军。这些新出现的有机形态第一次超越了自然界中的参照对象。新型材料或者新近合成的复合材料催生了我们从未见过的建筑外壳。

建筑师与工程师的工作始终协同一致，而艺术家们则开辟了全新的工作领域，我们可以把他们的工作称为：艺术与环境工程，或者大型设计。

1 《斯皮鲁历险记》（SPIROU ET FANTASIO），一译《斯皮鲁与凡塔西奥 》，为比利时画家安德烈·弗朗甘（ANDRE FRANQUIN）创作的连环漫画，佐尔格鲁布是尚皮尼亚克伯爵的大学同学，是一个生性狂妄、具有邪恶能量的科学狂人，总想以自己的名义改变周围的环境，但却经常弄巧成拙——译者注。

偶然因素与主观意愿

在这些全新的研究进程中，偶然的因素不容忽视。艺术家很清楚，一味热衷自己的主观意愿会在多大程度上妨碍作品的创作。必须善于随顺各种机缘，亲近陌生领域，培植现有资源，利用有利事件，找准时机，抓住机会。偶然是最伟大的创作者，因为无心而为，可以让我们达到更高层次的合理性，也就是主观与客观的交汇、演绎法与归纳法的融合、理论知识与直觉知识的贯通。

此时，相反事物之间的彼此联合同样会为合理创新提供保障：除去纸板扶手椅，我最喜欢的例子就是安德烈·雪铁龙地铁站（JAVEL CITROEN）的花园暖房，集超前技术（玻璃结构）与古朴外观（带有板屋屋角的红杉木材）于一身。

在这种以让人欣然接受的实用常识所打造的全新的质朴风格中，盎格鲁－萨克逊的工程师们占有优势地位。谁知道工程师彼得·莱斯（PETER RICE）在改造我们环境的过程中起过怎样关键的作用？

舒适性与轻盈性

为了达到成本最小化，最合情合理的办法就是做到使用材料最少化，以同时达到运输成本最小化。在美国建筑师路易斯·康（LOUIS KAHN）论述如何用空心石造房子（他设想的是空心水泥砖、空心立柱以及混凝土蜂窝梁）半个世纪后，现在的高科技建筑（我把它叫作自行车建筑）依然迷信轻盈性。正是在这种情况下，伊东丰雄（TOYO ITO）于 1995 年建造了仙台（SENDA）媒体中心，由双曲空心网面形成的建筑结构还能同时照入自然光。而张拉整体（TENSEGRITE）与钢杆悬索结构则为我们预示着更为轻盈的结构。

自 20 世纪 50 年代起，设计师们就投入了一场轻盈性竞赛，其中最突出的就是乔·庞帝（GIO PONTI）1951 年为卡西纳（CASSINA）公司创作的轻质椅（LEGGERA）和里卡多·布鲁梅尔（RICARDO BLOMMER）2002 年为阿利亚（ALLIAS）公司设计的仅重 700 克的泡沫结构超轻椅（SUPERLEGGERA）。

都市骰子公司创作
的便携式房屋

但我们可以有充分理由认真考虑一下，舒适性是否与轻盈性背道而驰。厚重的墙壁会让人感觉更温馨，沉重的家具显得更稳当，分量足够的餐具与酒杯则象征着享受与礼貌。法兰西体育场的工程师就曾被迫以在檐沟里填满混凝土的方式加重过轻的建筑结构，以免被风掀走。最好不要成为习惯臣服于轻盈性的奴隶。关键在于如何设定分量与确定比例。

自相矛盾的理论：从人行道路缘石到纸板扶手椅

纸板扶手椅不仅没有尼采哲学式的唯我独尊，而且也是另外一个语义链条中的产物，这个链条连接着从马克思到本杰明（BENJAMIN，1892～1940年，德国哲学家——译者注）、从克劳斯（KRAUS，1954年出生于美国，美国物理学家——译者注）到穆勒（MULLER，1927年出生于瑞士，瑞士物理学家——译者注）等人，在建筑领域，则连接着从鲁斯到罗西（ROSSI，1931～1997年，意大利建筑师——译者注）、从康到西塞（SIZA，1933年出生于葡萄牙，葡萄牙建筑师——译者注）、从于埃（HUET，我的老师）到文丘里（VENTURI，1925年出生于美国，美国建筑师——译者注）等人。这些标志性的现实主义者首先注重的是连续性、持久性和舒适性。他们从平庸与模仿中看出的是集体表现力的丰富多彩和人们对安抚性文化模式的认可，他们拒绝接受未来主义者的战争美学。借用瓦尔特·本杰明的精彩格言，战争美学所做的是把艺术政治化而不是把政治审美化。

要想一以贯之地做好城市这件象征文明的作品，他们的看法绝对是有道理的。城市的兴建靠的不是轰轰烈烈的运动，而是良知和对集体记忆的尊重。非对永久性城市基础设施作出长期规划不可，比如人行道路缘石就必须要用巨大的花岗岩石块。

反过来说，我愿意让室内建筑和私人空间的设计多一些冒险性，让可移动物体的设计多一些诱惑力，这些物体提给我们的问题是：如何看清现代生活的矛盾这处，弄懂艺术品的费解之处。

纸板扶手椅童叟无欺，"毫不起眼"，丝毫没有为创作者争名争利的打算。更在意空间而不是外形，更关注显而易见的新类型以及生产材料与生产方式而不是所谓的风格。它不会只重古朴，也不会只重技术，它希望参与创造新世界，而不是只对旧世界作一些修修补补。

情绪波动

所谓情绪波动，指的就是幽默、舒适、简单化和随机应变。我经常回想起勒·柯布西耶说过的话："为什么房顶做这么大，为什么窗户玻璃做这么小，为什么装这么大的吊灯，布置这么多的碗橱、窗帘，这么花哨的墙纸……你们家一点阳光都看不到，我得把刚送你的那幅毕加索拿回我自己家，因为我怕在你这个货摊一样的家里根本找不到它在哪儿……"

已经进入互联网时代了，可我们还像是一群活在 18 世纪的乖乖女，坐在巨大的路易十五式仿制安乐椅（中国制造）里，享受着装饰性灯具带来的光亮，这些灯具重达好几公斤，巨大的灯罩每个足有 1 立方米，而我们的空间毕竟有限。灯泡（钨丝、卤素、双色、发光二极管）工厂在设计产品时是否有一天也该考虑一下控制漫射与眩光的问题，就像阿道夫·鲁斯 1920 年时曾经希望的那样？

加米夫（CAMIF，法国家居用品零售企业——译者注）薄得可怜而又尽人皆知的商品名录不仅是小资思想的积极捍卫者（这已经是一种十分抬爱的说法了，因为在它的商品范畴内，很难察觉有什么真正的思想），而且在衰退与欺骗中依然为法国中产阶级带来了鼓舞，而这种欺骗骨子里就带着土气。

罗奇堡（ROCHE BOUBOIS，法国家居产品品牌——译者注）的伪现代风格根本没有抓住当今社会的精髓。它虽然盯准无所顾忌的新富阶层极力逢迎，把黄铜当黄金、把中间体当木料卖给他们，但却连一款独创产品都没有，而且所有产品都不成比例。

设计经常会受到人们自说自话的误解，成为外表奇特的、出人意料的、适合娱乐的、出自大牌之手的时髦用品的代名词，而究其本义，这个词汇形容的是，为了通过控制材料、结构和生产与销售进程保持某一用品应有功能所作的合理构思过程。欲知详情，务请查阅雷蒙·吉多（RAYMOND GUIDOT）所著的内容十分全面的《1940 年以来的设计历史》（HISTOIRE DU DESIGN DE 1940 A NOS JOURS）一书。

当然，宜家和康仁家具店（CONRAN SHOP，英国顶级家具商店——译者注）在各自经营范围中的地位都有了一定的提升，但恰恰是过于追求既定目标阻碍着它们拿出真正的创新产品。前者为了以极端手段控制成本（与利润）而一味排斥外来设计师，因为总想走"基本品"（BASIQUE）路线而忍受着长年默默无闻的痛苦。后者虽然热衷于奢侈品，在华贵的晶光亮色与过于假充高雅的朴实风格之间随波逐流，但还没有让我们感受到它的品质、才气 [GENIE，就工程师（INGENIEUR）一词词源而言] 和技艺，离世界大同的理想还差得很远。

如果撇开上面两家公司与另外几个智能高效的商家 [销售标准产品的拉佩尔（LAPEYRE,法国家装服务器生产销售商——译者注）和销售其他产品的写意空间（LIGNE ROSET,法国极品家具公司——译者注）] 以及优秀的外国设计产品零售商，家具业在法国濒临灭绝已经有一个世纪了：我们看到的一切只不过是欺骗、改头换面和玩弄风格。家具博览会以及其他形式的家具大展上，大同小异的长沙发连起来有好几公里，证据确凿，令人难以忍受。只有家居装饰博览会（LE SALON MAISON ET OBJET）还能让人看到一点希望。聚集在缩写词"NOW"下面的 20 多个展位成了保持清醒的小众创作者的写照，每年都会展出一些创新产品，只是他们的创新似乎没有市场。

信仰的表白（PROFESSION DE FOI）

在一个信奉交换价值胜过实用价值的商品社会，简约很难找到销路。但这种风格通常都会最终胜出：总有一天，我们将不再受到腐朽文化俗丽外表的困扰。

到那一天，某种超脱心态会促使我们去拒绝"永远太多"（TOUJOURS TROP）的视觉污染，去接受每一件家具和每一座大楼内在与外在的魅力，这种魅力起码要达到"少之又少"（TROIS FOIS RIEN）或者"已有形态"的境界，否则干脆以贫乏示人。

到那一天，地球可能就不再会受到打着保护消费者权益旗号的种种丑恶行径的蹂躏，未来也将不再与过去势不两立，最富有的国家将不再掠夺最贫穷的国家，男男女女将不再羡慕异性的差别，最终，我们将笑着成为真正的世界公民……

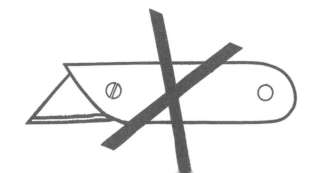

纸板家族专辑

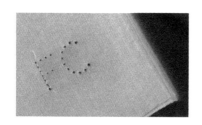

无限罗列

1998 年全年，我所做的工作主要是罗列各种靠背椅的概念，把这些全部印有非署名缩写词 FC（意即纸板靠背椅）的作品展示出来，形成一个由十几种式样和配件组成的真正的纸板家族。

靠背椅

设计一把简单靠背椅所带来的额外挑战让我兴奋不已。只要是建筑师就曾设计过靠背椅：现在，这个机会也摆在了我的面前。我为这项挑战另外赋予了一种乐趣，就是只用一张纸板，并由此进入折纸术追求最完美效果的境界，正是这种境界把我引向了这项全新的浩大工程。另有 4 只装着纸板边角料的巨大垃圾箱也派上了用场；3 天 3 夜以后，Z 形靠背椅终于诞生。

这把椅子虽然受到了格里特·里特维尔德 1932 年创作的优美 Z 字形（ZIGZAG）靠背椅的极大启发，但却只有它十分之一的重量（700 克），似乎可以称为小巧型 Z 形椅。何况它还可以一折为四，像一只手包一样拿起就走。

虽然以双层沟槽制成，可以承重 80 公斤，但，必须承认，它并不是为了岌岌可危的大胖子而设计的（无论椅面尺寸还是抗扭强度都不适合），尽管肥胖人群注定还要发展；这就是这款优雅都市小座椅的局限性。

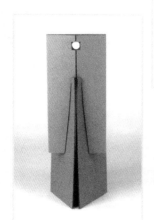

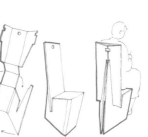

组合架

按照我导师兼好友保罗·库歇的说法，设计师需要致力于两项基本任务，椅子面板和组合架搁板。我觉得，保罗在布兰希尔公司（BRUNSEEL）度过的漫长职业生涯对于这一论断并非毫无价值；我听从了他的建议，开始投入工作：每一层搁板都务必放进大开本的世界百科全书！

在他看来，我的工作成果似乎很有说服力，我用两块纸板做成的这只 4 层板面组合架让我的设计师地位在搭档面前得到了提升，我逐渐发现，他的态度正从建设性的怀疑转向兴奋型的好奇。

随之而来的就是为使这件一折为二的庞然大物（1.84 米 ×0.8 米）如何妥善装入正常包装箱而对封装与包装所作的研究。

接着开始研究第二种式样，就是只放小开本（10 厘米 ×18 厘米）书籍或者摆到儿童房间的 6 层搁板组合架。

还可以考虑加上护门，防止架内的书籍或者用品落上灰尘：护门只用一张纸板制成，所用折叠方式既要确保充分钩住上面的横梁，又要确保仅靠摩擦力而不用其他材质的装置就能通过弹簧效应进行开关。

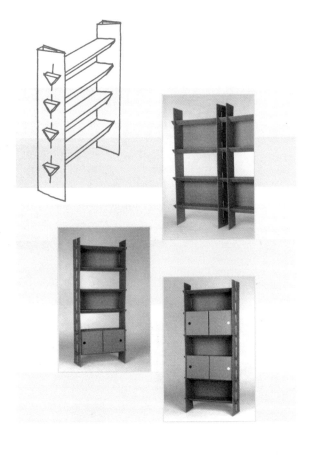

矮桌

矮桌独自占了一席之地。我对它的生产过程没有留下任何印象，说明它的降生来得并不痛苦。只需圆规一划，并按照以往的搭接拼装方式拼装一下，这只小圆桌便很快追上了扶手椅的喜人销量，就像扶手椅不可或缺的配套组合。

写字就餐两用桌

我相信，这才是最漂亮的一件家具，只是销量并非最佳，差得太远。一张大大的纸板，对折 4 次，便成了一张 60 厘米 ×1.5 米的餐桌，可以站在上面跳舞（在一次环保博览会上已经做过类似尝试），用作展览载体也很理想，或者用作烦闷少年的书桌：他可以随意用刀刻划，不用担心遭到报复。

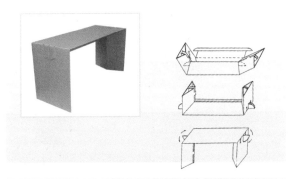

儿童扶手椅

儿童扶手椅可以说是一个谜团。按照成人扶手椅简单缩小迅速研制成功后，所有人都认为，成人们对这单充满童趣的生意所持的怀疑将不攻自破，我们肯定会大获成功。

但我们的客户可不是这么以为的，全套儿童序列以几乎完败而告终，理由冠冕堂皇：给乖宝贝们用的东西多好都不过分，他们理应享受比纸板更好的家具。一旦涉及下一代，就连最具幽默感与实验精神的成人也变成了"家具大人"（MONSIEUR MEUBLE）或者永远不变的白色密胺板组合架最热心的捍卫者。他们的文化模式自有他们的一番道理，正常人的道理恐怕跟他们讲不通。

不过我们还是说服了几位充分相信这组微型儿童家具系列的中老年听凭自己的想象组装了一套。

儿童书桌

同样根据成人版改造的儿童书桌最后是被人当成另一种矮桌或者电视架买走的。

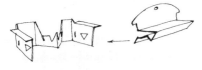

双人长沙发
最低起订量 500 件

长沙发

在建筑专科学校参加过那次首创展览后，我又展出过一张 3 人长沙发原型，现在还放在我的地下室。随着第二代扶手椅 T 4-1[按照英文"单人茶点"（TEA FOR ONE）理解] 的开发，这款相当于 T 4-2["双人茶点"（TEA FOR TWO）] 的长沙发成了西装革履的布尔乔亚们客厅里必不可少的补充。

第一款长沙发带有一个巨大的弧形靠背，但一经投入使用，便从中间弯成了两截。第二款长沙发通过改变裁切方式弥补了这个缺陷，模仿两把扶手椅并排放置的样子，采用了双人式靠背。

屏风

面对装饰奇特、略带伤感的中国屏风，美女也要黯然失色！这种屏风的名字叫蛾，填字游戏迷们都知道，这个字的中文意思就是小风筝。

CD 架

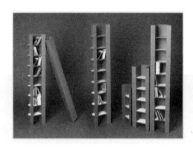

纸板家族其实到此就罗列完毕了，因为 CD 架更多地是被当成了杂物和饰品架，而且没有用上相当于家族特征的三角梁。但一上市就热卖的成功以及源源不断的订单让这款小巧的立柱式家具当之无愧地与扶手椅和矮桌并列前三甲。

因为可以从上三分之一处断开，它还能变形成为金字塔。两两组合或者多件组合之后，就拼出了一只屏风。

埃菲尔铁塔

纸板埃菲尔铁塔不仅成为全套纸板系列的象征，而且以比埃弗尔街道"展示室"的地理位置成为巴黎中心主义的具体体现。经过不对称折叠，还能帮游客们摆脱空手而归只留回忆的可悲现状。

演讲台

如果去过巴黎的电影院，一定见过像数字 1 形状的演讲台，上面放着节目单；由高低短片制作公司（SOCIETE DE PRODUCTION DE COURTS-METRAGES HAUTS ET COURTS）订制的这款家具对于各类博览会和展览会也显得非常实用，属于家族中最受欢迎的品种。

缩微模型

一个小盒子便全部装下的纸板家具缩微模型既可以让我们以便宜的价钱拥有全套系列，又能帮你测试孩子们集中注意力的持久性。不管怎么说，要想不让这种测试以哭声结束，最好不要强迫他们装配组合架，没有一双巧手很难做到。

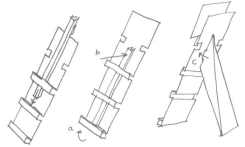

4）把撑杆 B 插入位于 A 处的折口

5）将撑杆底端的支撑托向上折起，将 A 和 B 全部固定

6）将后支架 C 嵌入位置 C。酌情添加图像册页 D

奥利维埃·勒布鲁瓦于 2000 年在宗教博览会上展出的扶手椅

奥利维埃·勒布鲁瓦于 1999 年 6 月在卢浮宫卡鲁索商业中心的折纸术博览会上展出的纸板屋和写字就餐两用桌

1998 年家居装饰博览会上的"费加罗夫人"（MADAME FIGARO，法国女性杂志——译者注）展台

明信片陈列架

法国的博物馆要求我们设计一款明信片陈列架，于是就有了这个可以放到书桌或者咨询台上的"小个子"6 卡陈列架。

改进式样

跨国公司为消除竞争进行的令人怀疑的合并导致纸价飞涨，随之而来的结果就是纸板价格和翻番。原来卖 15 欧元的纸板现在只好卖到 30 欧元，把中国制造的小型导演椅引入了竞争赛场。本来阿丽贝（ALLIBERT，法国户外家具生产商——译者注）树脂扶手椅的竞争已经让我着急无奈得直跺脚了，现在好了，必须有所行动。我们决定改变制造方法，当然先从改变设计入手：因为改用更薄的双层沟槽纸板（厚度 1 厘米而不是 1.5 厘米），我们不仅得以在欧洲最大的纸板制造厂进行加工，而且大大降低了成本。另一方面，侧边外翻的缺陷更加明显，必须在接入三角梁的支架前面加一道折痕，同时还能去掉原来不能不用的那根中国筷子。借此机会，我们还重新设计了更加紧凑的包装。

更轻巧、更匀称、更含蓄（侧边不再露出沟槽），只是稍微少了点性感的新款扶手椅随时准备征服全世界。

展台

有人为参加博览会订购的几批展台居然通过了高度警觉的消防审查，当然，纸板能够得到许可是一件很不容易的事，这样的严格很正常。不完全是因为纸板能够燃烧，所有有过露天烧烤经验的人都知道，它其实很难点燃，而是因为它会冒烟，而烟雾中毒造成的死亡远多于火烧造成的死亡。

有一段时间，大家普遍认为，只要备好喷雾器，便足以应付火灾；但很快，大众便针对纸板的应用提出了更高的防火要求，即便是在制造过程中，纸板所采用的预防性耐火技术也让我们耗资不菲。

为费加罗夫人制作的一个小型展台让我有机会像"爱丽丝梦游仙境"一般把扶手椅纳入其中。

特殊订货

巴黎工商会的使命之一就是促进创新产品走向市场,这家工商会给了我们一个研究大学生家具的课题:我们的家具序列中还缺少一把能与书桌配套的、比 Z 形椅功能更多、强度更大的办公扶手椅。这个课题给了我一个研制直背扶手椅的好机会,接着我又设计了一张可倾斜矮课桌,最后,还有一把椅板可拆换的会议椅。

高背椅

作为高大座椅,高背椅的椅面离地 45 厘米,可使人坐姿挺直,腰部受到明显支撑,适合与书桌配套使用,属于纸板扶手椅的变形品种。巧妙设计的扶手可以让椅子滑入书桌的桌板下面,高高的长方形靠背可以让办公者免受视觉与听觉打扰。虽然是按大学生的宿舍家具设计的,但也可用于大型会场、宴会厅、小型会议室……,可惜高背椅一直没有投入销售推广。

课桌

这种桌面为 80 厘米 ×80 厘米的课桌也可以当作牌桌或者餐桌使用,可以坐满 4 个人。如果折成三角形,配合突出在两个箱式支架上的半圆形支座,桌面还可以具备一定的倾斜度(哎呀只是想不到!)。这种课桌还带有一个可以承受极重负荷的搁板,何况重物更有利于整体的稳定。

会议椅

如果用一只可折叠的延长椅腿——可以支撑一张锁定于同侧后手上的课桌桌面式倾斜小桌板——换掉高背椅的右椅腿,高背椅就变成了带有可拆卸桌板的会议椅。同类式样稍稍变一下比例,就成了座板高高的婴儿椅。

幼儿园一角

关于婴幼儿家具,我还记得,有一位园长受法国教育部委托曾让我们为一套幼儿园设备花了 6 个月的时间:阅读之角、床铺之角、戏剧之角、木偶之角、城堡之角,总之是各种各样的角落之角。我们对研究这套教学工具十分热衷,深入到了每一个最微小细节的设计之中:最终只是一场失败,因为赞助商只想通过我们的工作抬高身份,并没有订货的打算:这就是我们所作的一项有趣的研究,只是光打雷不下雨,最后没有导致任何实际成果!

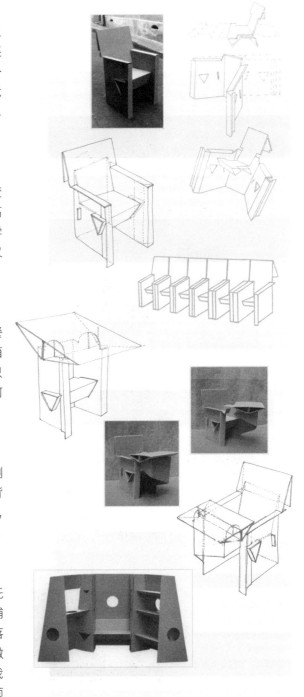

你觉得这套大学生一开学就能用上的家具怎么样?

奥利维埃

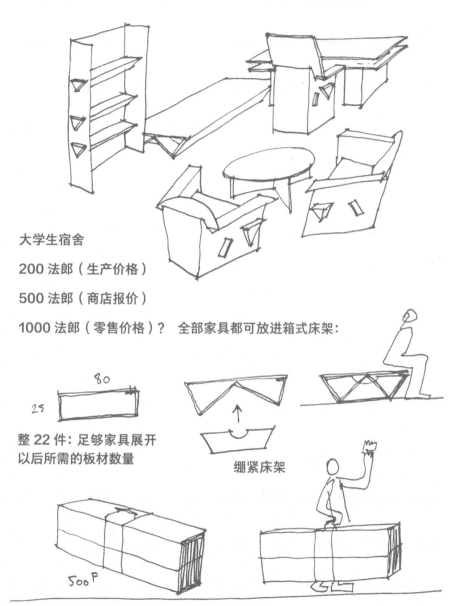

大学生宿舍

200 法郎(生产价格)

500 法郎(商店报价)

1000 法郎(零售价格)? 全部家具都可放进箱式床架:

整 22 件:足够家具展开
以后所需的板材数量

绷紧床架

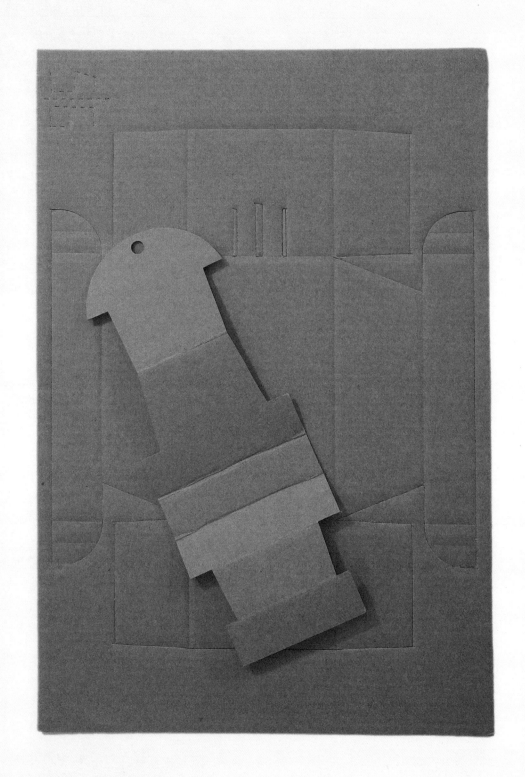

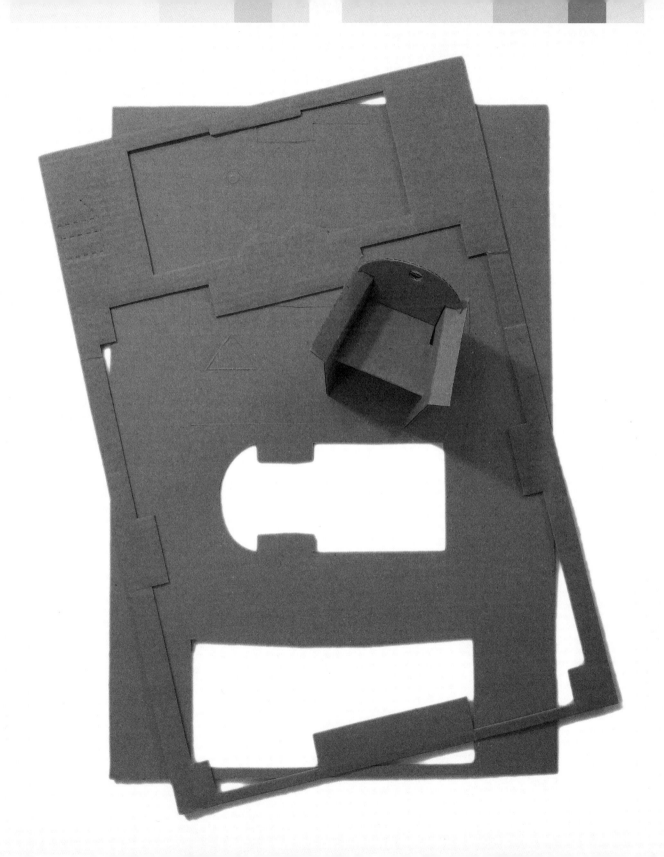

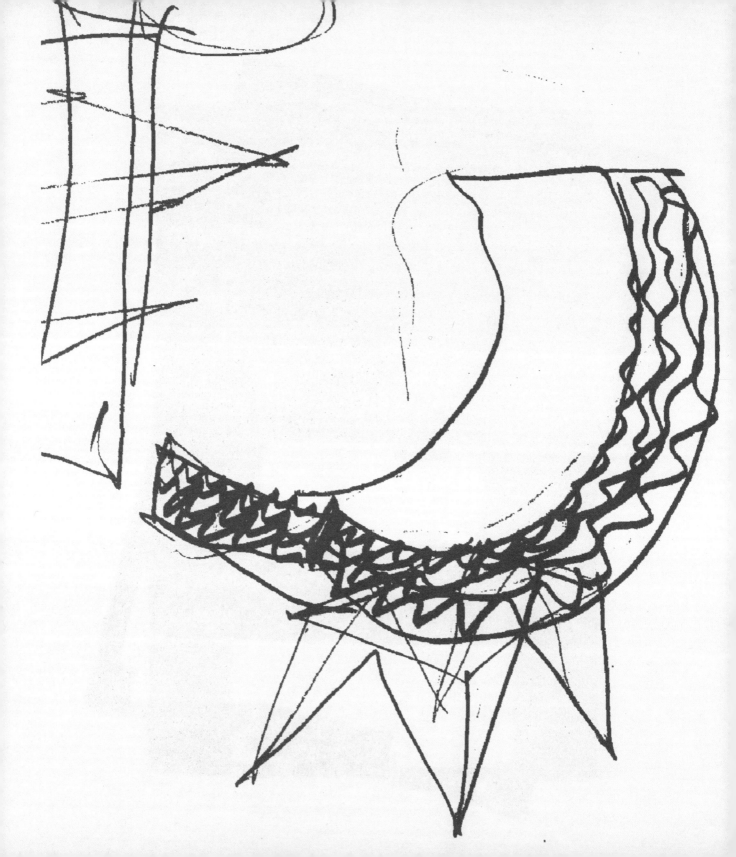

纸板用品设计手册

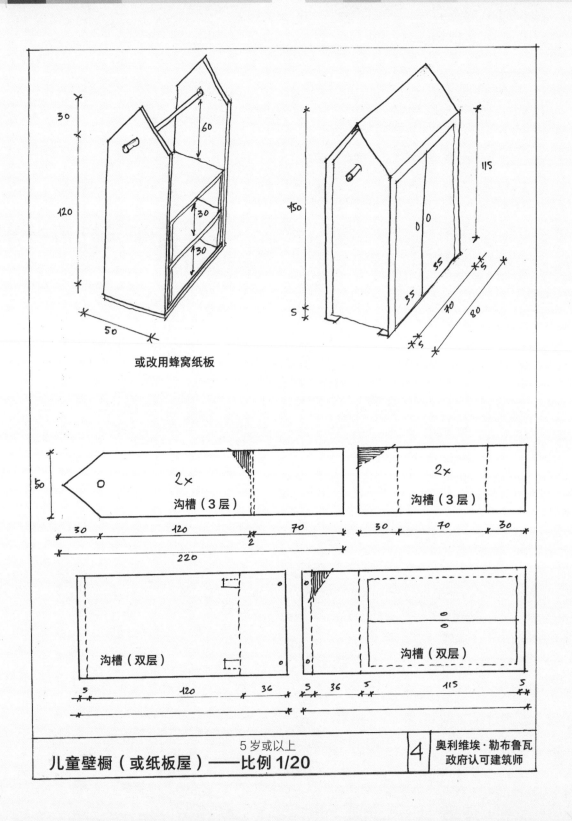

或改用蜂窝纸板

2x
沟槽（3层）

2x
沟槽（3层）

沟槽（双层）

沟槽（双层）

5岁或以上

儿童壁橱（或纸板屋）——比例 1/20

4 | 奥利维埃·勒布鲁瓦
政府认可建筑师

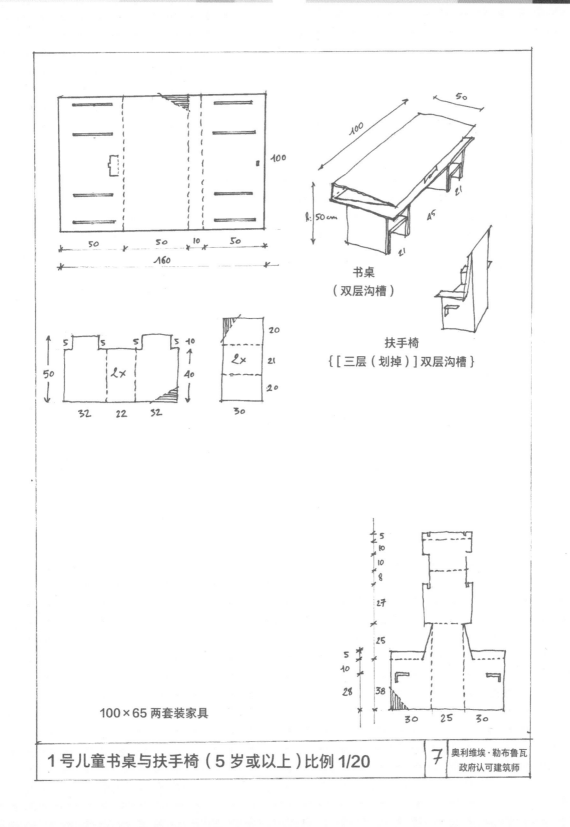

书桌
（双层沟槽）

扶手椅
{ [三层（划掉）] 双层沟槽 }

100×65 两套装家具

1号儿童书桌与扶手椅（5岁或以上）比例 1/20

7 奥利维埃·勒布鲁瓦
政府认可建筑师

屏风

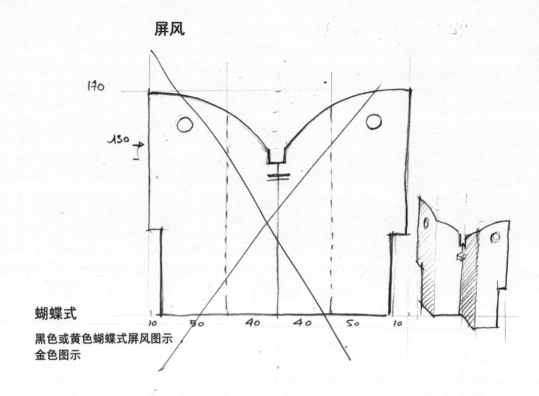

170

150

蝴蝶式

黑色或黄色蝴蝶式屏风图示
金色图示

10   50   40   40   50   10

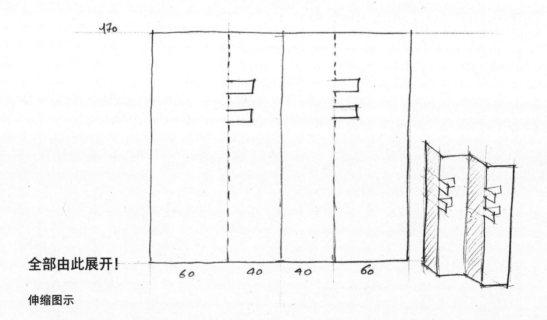

170

全部由此展开！

伸缩图示

60   40   40   60

屏风

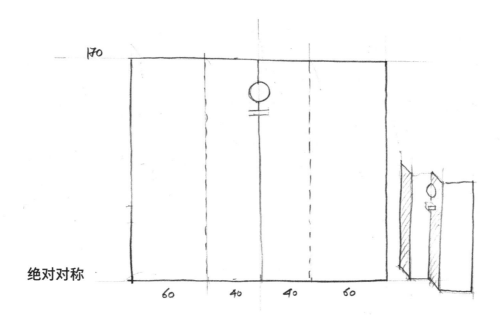

绝对对称

60 40 40 60

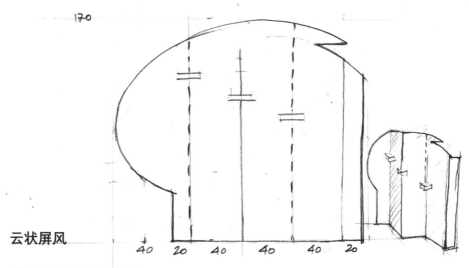

云状屏风

40 20 40 40 40 20

夏季天空图示（3朵小云）
雨天图示（远处有一青天）

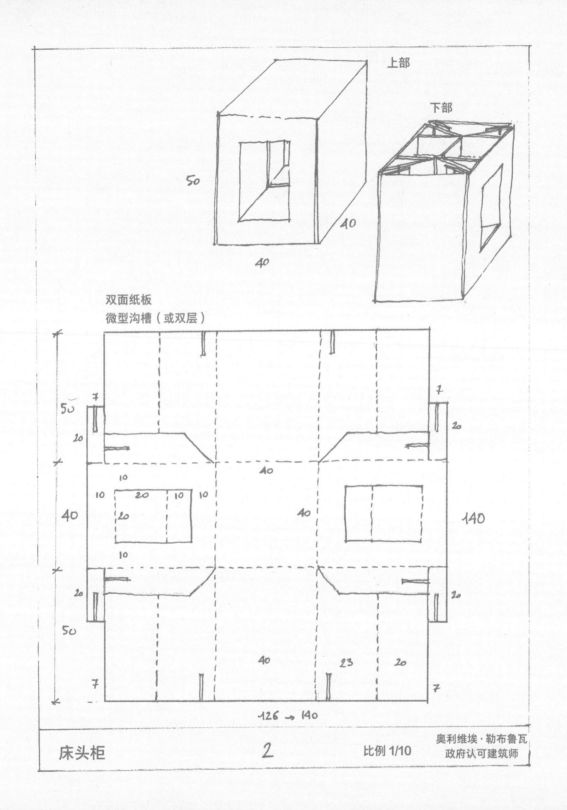

上部

下部

50

40

40

双面纸板
微型沟槽（或双层）

50

7

20

10

40

10   20   10 10
10
20

10

20

50

7

40

7

20

140

40

40

23   20

126 → 140

20

1

20

1

| 床头柜 | 2 | 比例 1/10 | 奥利维埃·勒布鲁瓦
政府认可建筑师 |

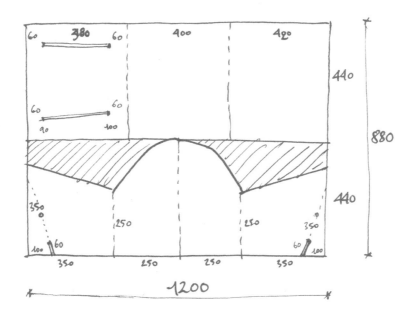

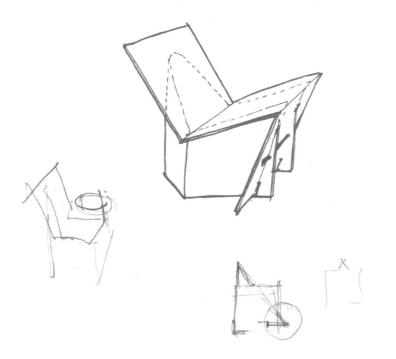

牌桌

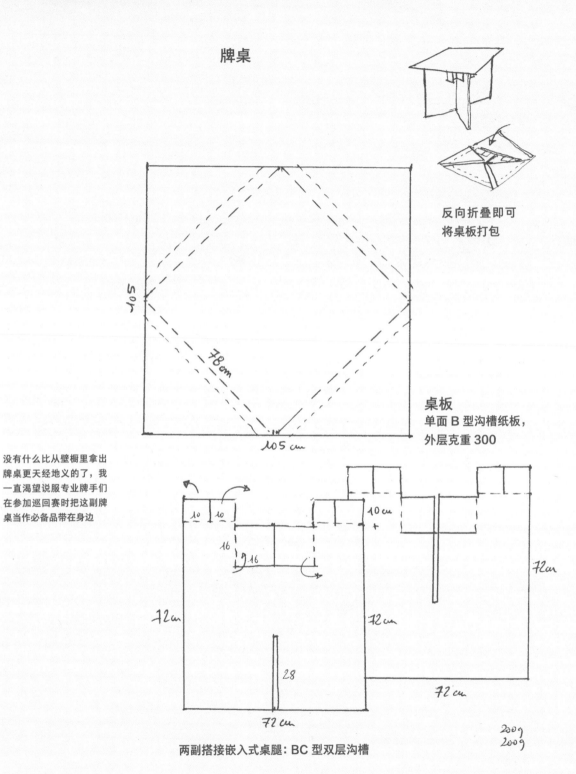

反向折叠即可
将桌板打包

105 cm

78 cm

105 cm

桌板
单面 B 型沟槽纸板，
外层克重 300

没有什么比从壁橱里拿出
牌桌更天经地义的了，我
一直渴望说服专业牌手们
在参加巡回赛时把这副牌
桌当作必备品带在身边

10   10

16

9 16

72 cm

72 cm

28

72 cm

10 cm

72 cm

72 cm

72 cm

200g
200g

两副搭接嵌入式桌腿：BC 型双层沟槽

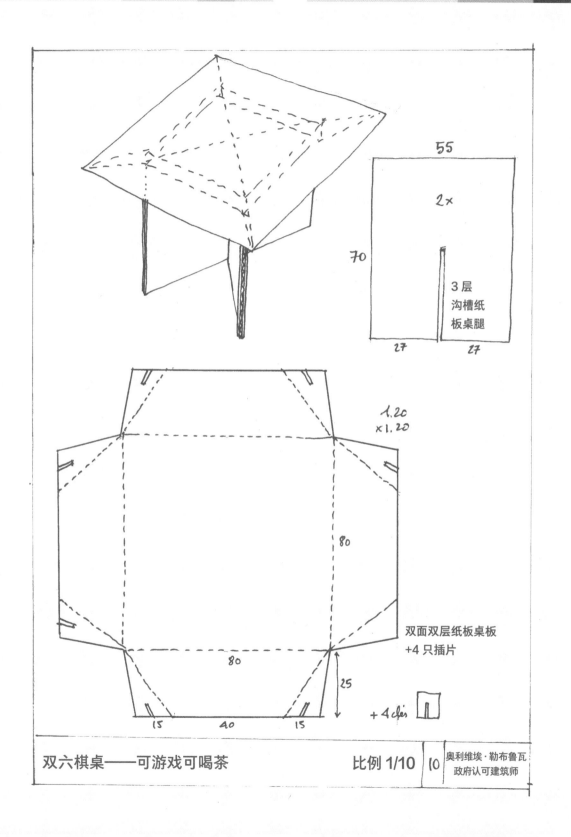

55

2×

70

3层
沟槽纸
板桌腿

27   27

1.20
×1.20

80

双面双层纸板桌板
+4 只插片

80

25

+4 cales

15   40   15

双六棋桌——可游戏可喝茶   比例 1/10   10   奥利维埃·勒布鲁瓦
                                                          政府认可建筑师

"纳波"（NAPO）便携式明信片陈列架尺寸图

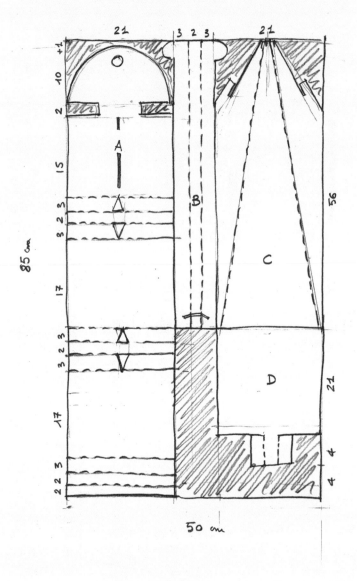

4件套： A 底座

B 撑杆

C 支架　　　　　所有部件仅用一张 90 厘米 ×

D 图像册页　　　55 厘米白色微型沟槽纸板做成

"纳波"便携式明信片陈列架

除了小个子式样，我们还曾设
想推出一款公用或私用大型壁
挂式明信片陈列架。

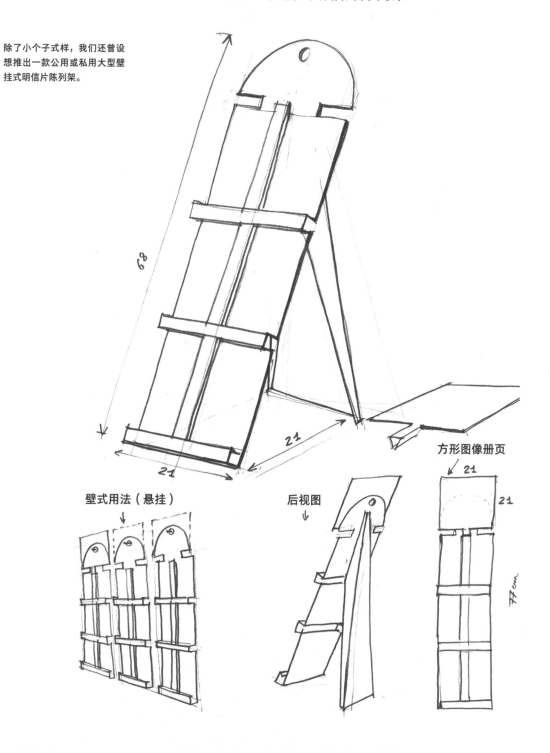

方形图像册页

壁式用法（悬挂）

后视图

教皇座凳！

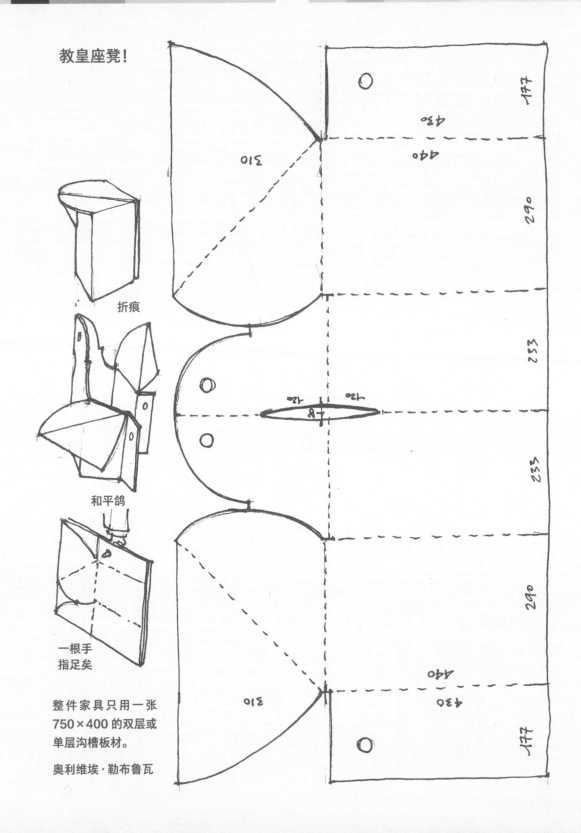

折痕

和平鸽

一根手
指足矣

整件家具只用一张
750×400 的双层或
单层沟槽板材。

奥利维埃·勒布鲁瓦

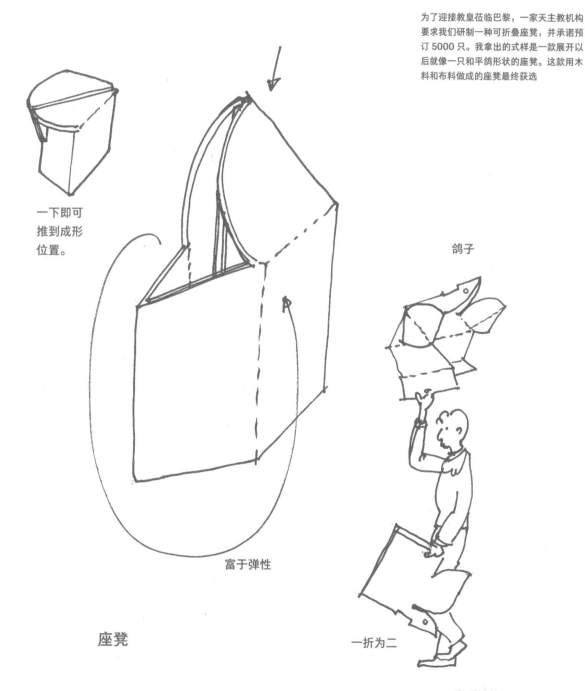

为了迎接教皇莅临巴黎，一家天主教机构要求我们研制一种可折叠座凳，并承诺预订 5000 只。我拿出的式样是一款展开以后就像一只和平鸽形状的座凳。这款用木料和布料做成的座凳最终获选

一下即可
推到成形
位置。

鸽子

富于弹性

座凳

一折为二

奥利维埃

面对棺材售价太昂贵、设计太夸张、样子太丑陋、"从道德上"令人难以接受的种种指责，

面对需求日益增长（从目前的 30% 很快会达到 45%）、驱使我们创新葬礼仪式的火化市场，

面对需要快速、高效处理手段的危急形势，

纸板棺材应运而生。

有一种式样（纸盒状单包装，里面覆有一层聚丙烯酰胺，开合方式十分巧妙）

我还想推出第二种式样

　　　　石棺：双层外壳。

①第一层外壳确保硬度

　　　　遗体安稳

　　　　隔热

②第二层外壳形成锁定效应

　　　　带有全套图案与颜色的精加工效果

　　　　可搬运性

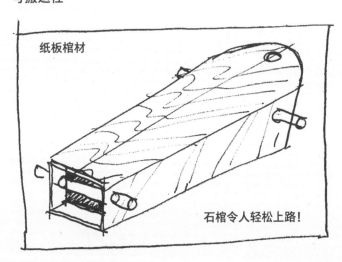

纸板棺材

石棺令人轻松上路！

推出这种新款产品的主要依据如下：

①哲理性依据：与逝者身份相符的最后形象：针对的是 10% 的人群，他们的文化背景与审美观念只适合传
　　　　　　　统棺材。

②生态依据（减少受损树木：临终善举。）

③经济依据：与其烧掉，不如把钱用来做些更有意义的事

石棺　　纸板棺材

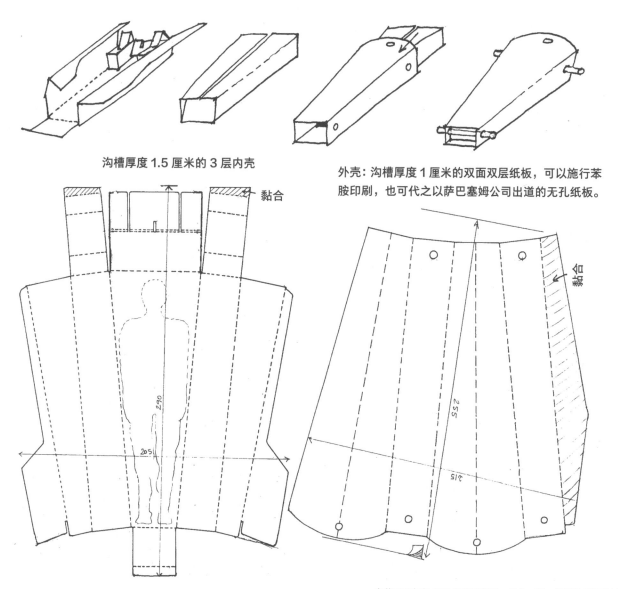

沟槽厚度 1.5 厘米的 3 层内壳

外壳：沟槽厚度 1 厘米的双面双层纸板，可以施行苯胺印刷，也可代之以萨巴塞姆公司出道的无孔纸板。

黏合

黏合

火葬正以每年 10% 的速度增长，仅此一项，就说明纸板棺材的设计大有可为。但如果在遇到天灾人祸时，这种轻巧、经济、高效的工具也能派上用场，我并不觉得这样的品位有什么低俗之处。所以我设计了一款双层外壳的棺材，取名"石棺"，有头枕，有抬杆插孔，浑圆的梯形形状很容易让人想起埃及石棺

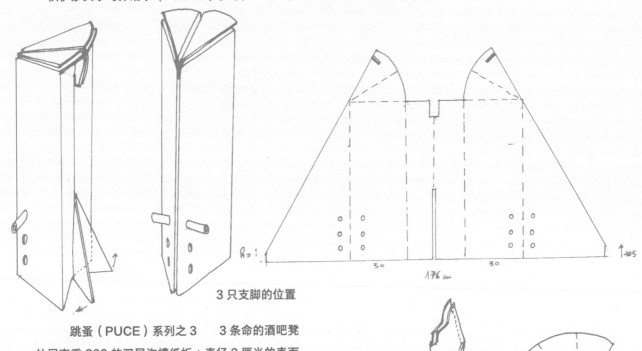

3 只支脚的位置

176 cm

跳蚤（PUCE）系列之 3　　3 条命的酒吧凳

外层克重 300 的双层沟槽纸板 + 直径 3 厘米的表面
抛光纸板管筒。含染料在内的生产价格为 30 法郎

我后来觉得，三角形凳面、管筒状脚蹬的
酒吧凳算不上纸板的最佳应用对象，要想
确保这件"令人眩晕的"用品必须具有的
稳定性，最好还是使用钢材

30 cm

包装尺寸

105 厘米 ×45 厘米

另送两只凳面，
颜色随意挑选

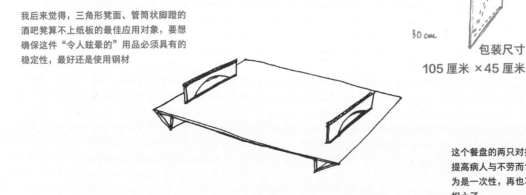

这个餐盘的两只对折把手简单至极，可以大大
提高病人与不劳而食者的生活质量。而且，因
为是一次性，再也不用为洒上咖啡或者果酱而
担心了

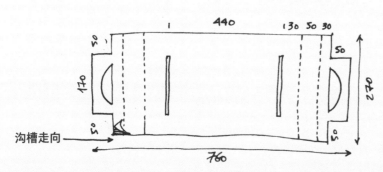

440　　130 50 30

50

170

240

50

50

50

沟槽走向 →

760

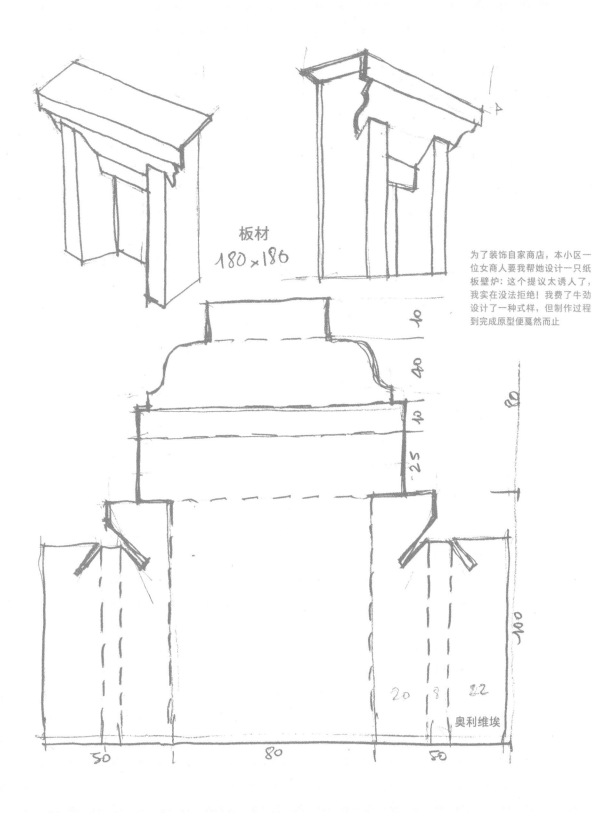

板材
180×180

为了装饰自家商店，本小区一
位女商人要我帮她设计一只纸
板壁炉：这个提议太诱人了，
我实在没法拒绝！我费了牛劲
设计了一种式样，但制作过程
到完成原型便戛然而止

10

40

10

25

80

100

20 8 22

奥利维埃

50

80

50

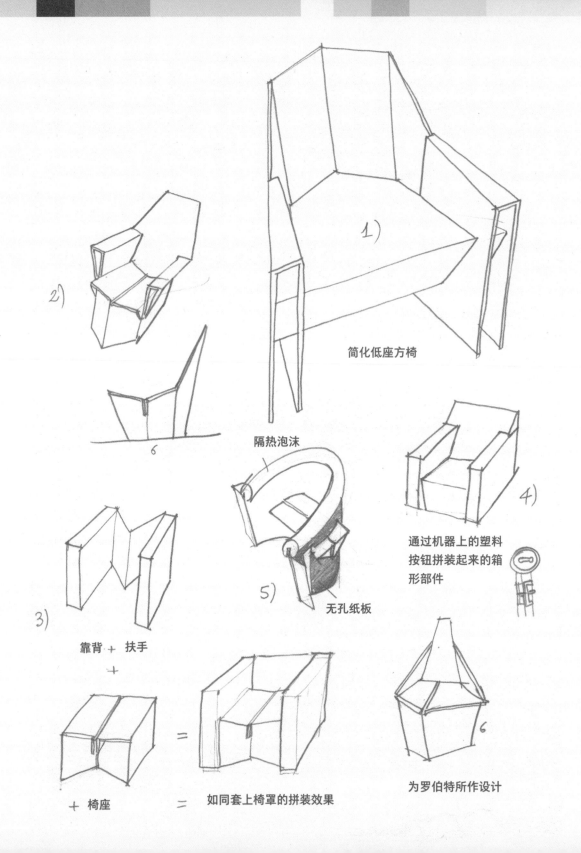

1)

简化低座方椅

2)

6

3)

靠背 ＋ 扶手

＋

椅座

＝

＋ 椅座 ＝ 如同套上椅罩的拼装效果

隔热泡沫

5)

无孔纸板

4)

通过机器上的塑料
按钮拼装起来的箱
形部件

6

为罗伯特所作设计

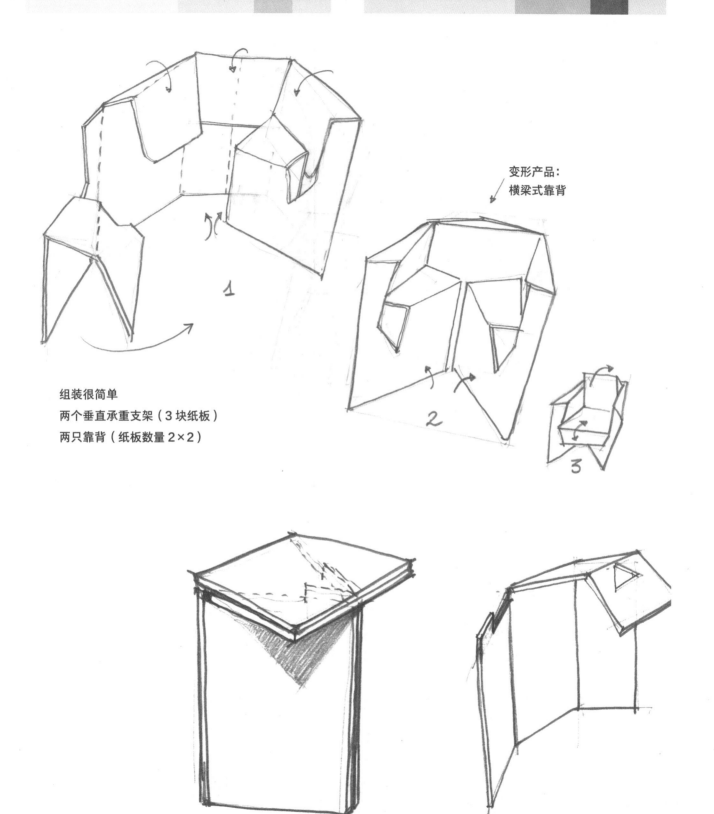

变形产品：
横梁式靠背

1

2

3

组装很简单
两个垂直承重支架（3块纸板）
两只靠背（纸板数量2×2）

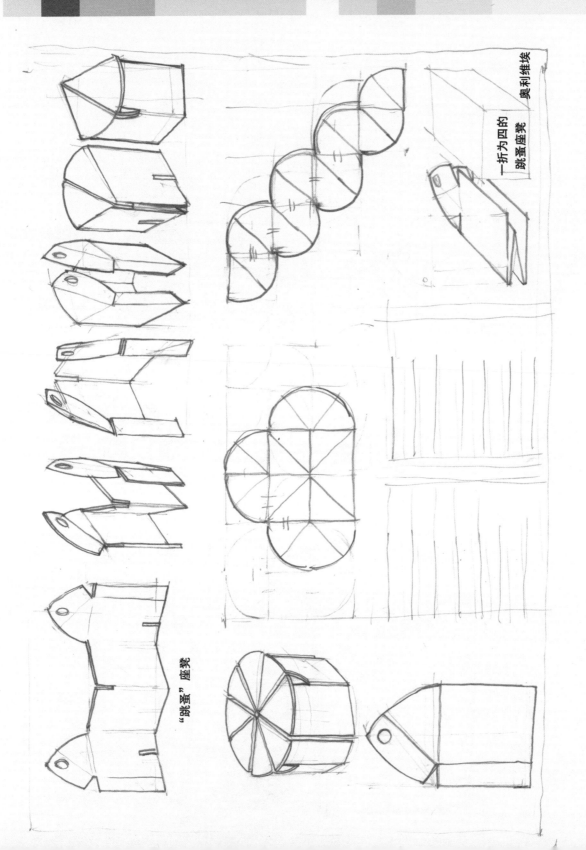

一折为四的
跳蚤座凳
奥利维埃

"跳蚤"座凳

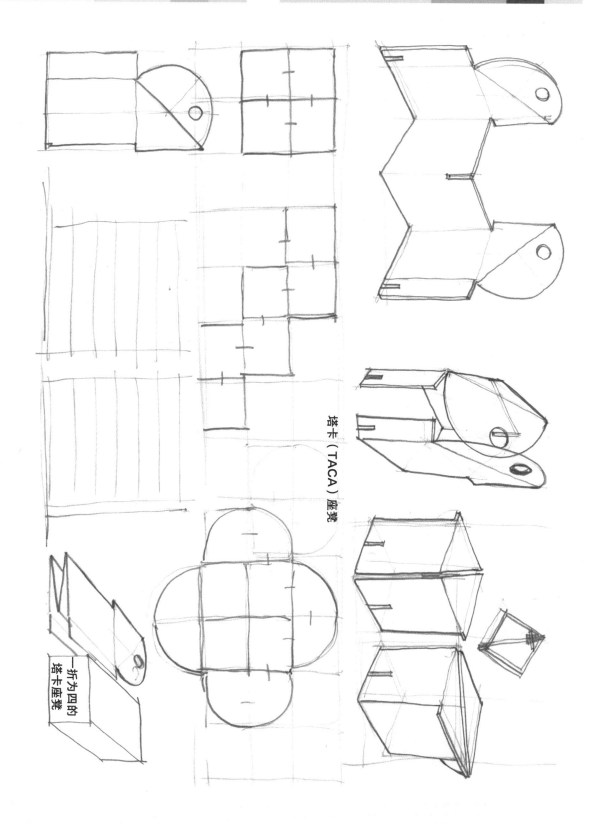

塔卡（TACA）座凳

一折为四的
塔卡座凳

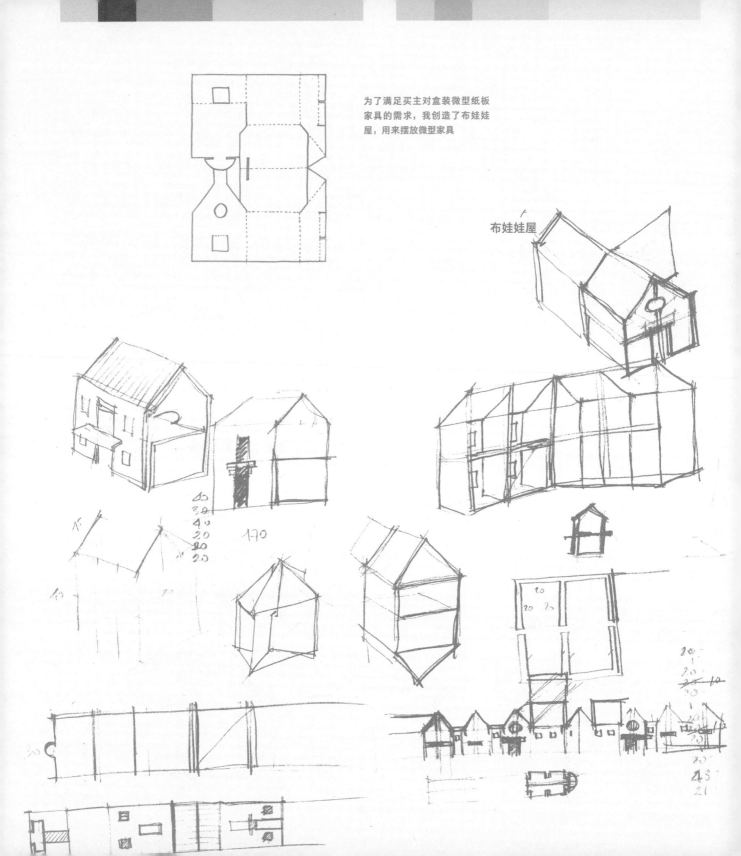

为了满足买主对盒装微型纸板
家具的需求，我创造了布娃娃
屋，用来摆放微型家具

布娃娃屋

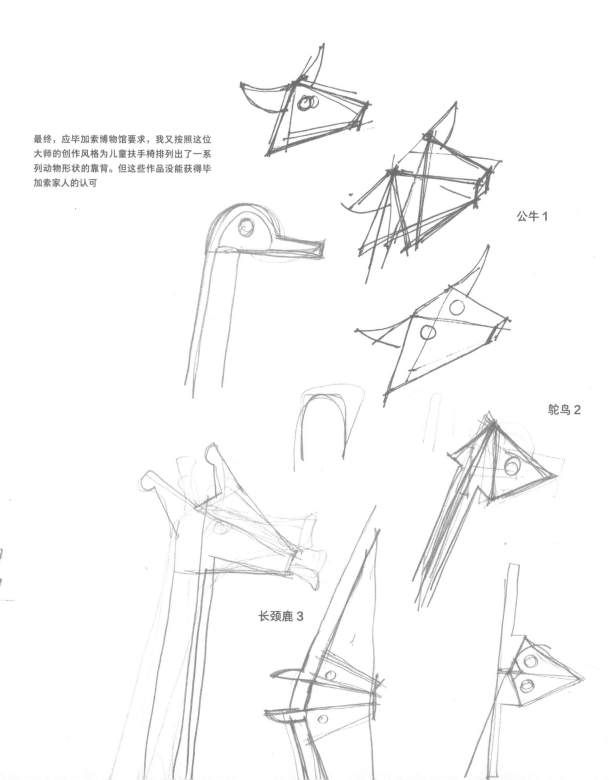

最终，应毕加索博物馆要求，我又按照这位大师的创作风格为儿童扶手椅排列出了一系列动物形状的靠背。但这些作品没能获得毕加索家人的认可

公牛 1

鸵鸟 2

长颈鹿 3

7+227
1+187
7

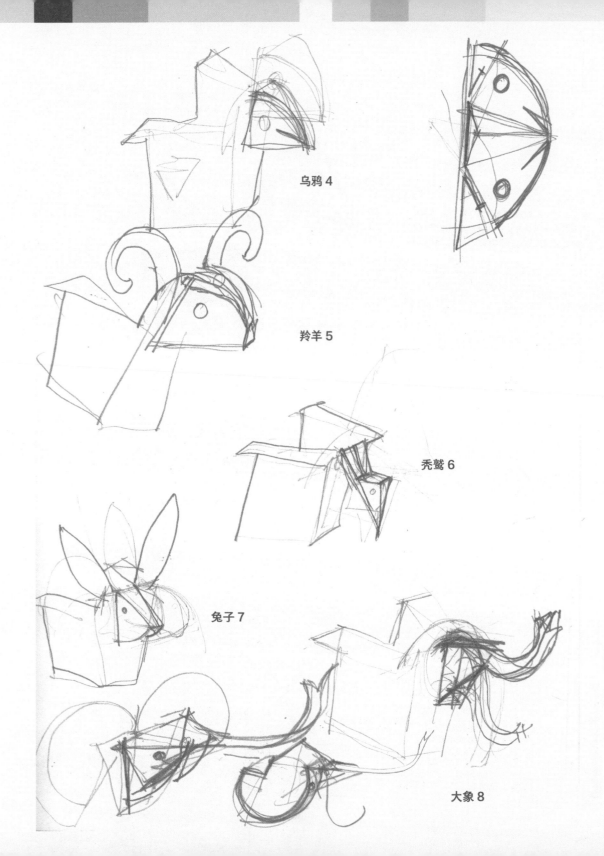

乌鸦 4

羚羊 5

秃鹫 6

兔子 7

大象 8

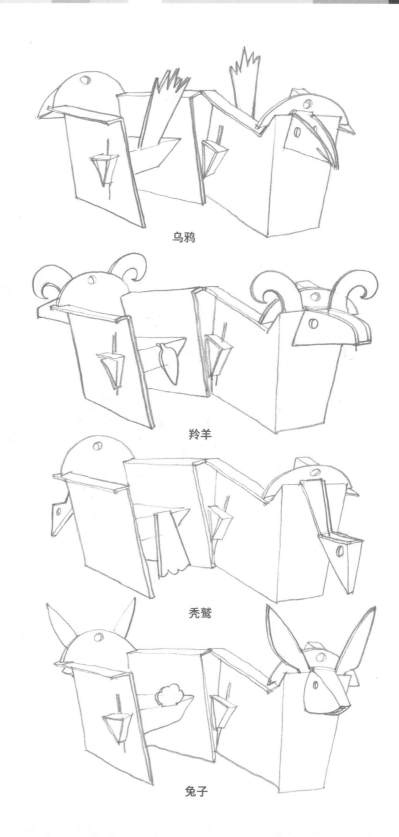

乌鸦

羚羊

秃鹫

兔子

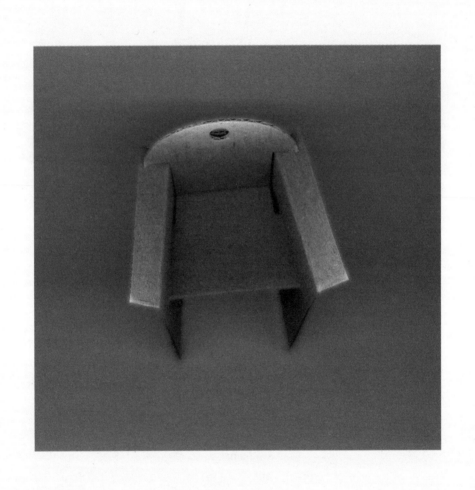

Antonelli, Paola, Aldersey-Williams, Hugh, Hall, Peter, Sargent, Ted (ed.), *Design and the Elastic Mind*, New York, MOMA, 2008.

Besenval, Violaine, *La Fabrication du carton ondulé*, Paris, Nathan, 1988.

Biasi, Pierre-Marc de, Douplitzky, Karine, *La saga du papier*, Paris, A. Biro, 1999.

Buckminster Fuller, Richard, *Scénario pour une autobiographie*, entretiens réunis par Robert Snyder, Paris, Images modernes, 2004.

Buckminster Fuller, Richard, *Anthology for a new millenium*, New York, St. Martin´s Press, 2002.

Courtecuisse, Claude, *Dis-moi le design*, Paris, Isthmeéd., 2004.

Engel, Heinrich, *The Japanese House. A Tradition for Contemporary Architecture*, Clarendon, Tuttle, 1964.

Garner, Philippe, *Sixties design*, Paris, Taschen, 1996.

Gropius, Walter, *Apollon dans la démocratie ; La Nouvelle architecture et le Bauhaus*, Paris, Weber, 1969.

Guidot, Raymond, *Histoire du design : 1940-1990*, Paris, Hazan, 2000.

Guiomar, Éric, *Créer son mobilier en carton*, Paris, Eyrolles, 2007.

Hitchcock, Henry-Russell, *In the nature of materials : the buildings of Frank Lloyd Wright*, Londres, Elek books, 1958.

Jeantet, Claude, *Meubles en carton*, Paris, Dessain et Tolra, 1994.

Loos, Adolf, *Paroles dans le vide*, Paris, Éditions Champ libre, 1979.

Marks, Robert W., *The dymaxion world of Buckminster Fuller*, Carbondale, Southern Illinois University Press, 1960.

McQuaid, Matilda, *Shigeru Ban*, Paris, Phaidon, 2004.

Négre, Valérie, *L´ornement en série : Architecture, terre cuite et carton*, Liége, Mardaga, 2006.

Papanek, Victor J., *Design pour un monde réel : écologie humaine et changement social*, Paris, Mercure de France, 1974.

Pavia, Fabienne, *Papiers*, Paris, Seuil, 2000.

Polastron, Lucien, *Le Papier*, Paris, Imprimerie nationale, 1999.

Rice, Peter, *Mémoires d´un ingénieur*, Paris, Le Moniteur, 1998.

Ritter, Paul, *Educreation, Education for Creation, Growth and Change*, Oxford, Pergamon Press, 1966.

Rottier, Guy, *Architecture libre...*, Paris, Alternatives, 1998.

Rottier, Guy, *Artchitecte de l´insolite*, Nice, Z´éd., 1990.

Salvadori, Mario, *Comment ça tient ?*, Marseille, Parenthéses, 2005.

Sansot, Pierre, *Papiers rêvés, papiers enfuis*, Saint-Clément, Fata Morgana, 1992.

图片版权方

DR : 34, 35 b, 39 hd, m et bg, 58 m, 60 b, 68 mb, 69 b, 104, 109, 114, 117, 118.
Josef Albers Foundation, photo Umbo (Otto Umbehr), DR : 31.
S. Andrei, collection FRAC Centre, Orléans : 70 md.
Arts Décoratifs, Musée des Arts décoratifs, Paris ; Photo : Jean Tholance : 58 b.
Austrian Museum of Applied Arts/-Contemporary Art, Vienna ; Photo : Gerald Zugmann : 72.
Jean-Louis Avril : 37 gb, 68 h et m.
Compagnie Bleuzen : 44 b, 84.
Ferdinand Boesch : 15, 16 b, 35 m, 36 (sauf Courtecuisse et Mari), 37 g (sauf Raacke), 48 h, 61, 63 h.
Buckminster Fuller Institute : 30 bg, 47, 56, 57.
Christies Images Limited : 60 h.
Marie Clérin : 40 h.
Claude et Agnès Courtecuisse : 26 mb, 36 md, 45 h, 66, 67.
Julie Dubois : 88, 89.
Rodney Galerneau : 16 h, 17.
Kids Gallery : 42 m.
André Gardé : 26 mh.
Generoso Design : 39 bd, 92, 93.
Vincent Geoffroy-Dechaume : 30 bd, 37 bd, 74, 75.
Serguei Gerasimenko : 82, 83.
David Graas : 41 h.
Éric Guiomar : 85.
Hans Hansen : 37 bg.
Hiroyuki Hirai : 80 h et m, 81.
Thomas Hirschhorn : 45 b.
Kaysersberg : 18 d, 19 b, 21 h.
Kiosk Mobilia, DR : 112.
Olivier Leblois : 27, 28, 29 g, 30 h, 38 h, 52-54, 98, 99, 100, 101 h, 103, 105-107, 108 g, 111, 113, 116, 119, 120, 121, 122 h, 123, 124, 126, 127, 130-154.
Lise Lesprit : 26 b.
Jean-Christophe Lette : 45 b, 79 mb.
Vejiem Lidzi : 30 bd, 50 b, 115 d.

Juan Lin : 42 b.
Archives Giovanni Lista, Paris : 35 h.
Enzo Mari, DR : 36 b.
Bettina Meckel : 41.
Yann Merlin : 44 h.
Mobo, DR : 38 b.
Studio Morozzi Partner, DR : 39 hg et hm.
Archives Parenthèses : 111 b, 112 g, 122 m et b.
Gregory Parsy : 43 h.
Parsy/Debons : 43 b.
Richard Pelletier/Ville de Chaumont : 50 h.
Centre Georges Pompidou : 66 mb.
Clovis Prévost : 68 bd.
Anne Prolongeau : 42 h.
Li Qun Zhu et Xiao Yan Yao : 96, 97.
Peter Raacke : 37 mh, 64, 65 m et b.
Sylvie Réno : 45 m, 78, 79 h et m.
Guy Rottier : 48 mh, 70 (sauf md), 71.
Takanobu Sakuma : 80 bg.
Mario Salvadori / Parenthèses : 24, 25, 26 h, 28 b.
Stange Design : 76, 77.
Joel Stearns : 37 dm.
Laurent Sully Jaulmes : 68 bg, 69 h.
Université de Sydney, DR : 49.
Terbe Design : 48 mb, 86, 87.
Martin Tessler : 94, 95.
TKK rangements, DR : 108 d.
Marc Vaye : 101 b, 159.
V&A Images/Victoria and Albert Museum : 59 h.
Villa Carton : 40 b.
Vitra Design Museum : 65 h, 73.
Riki Watanabe Design Studio : 62, 63 (sauf h).
Timo Wright : 51 m et b.
Tokujin Yoshioka : 29 bg, 90, 91.

有关网站

www.bibicarton.com
www.campanas.com.br
www.compagnie-bleuzen.com
www.davidgraas.com
www.documentsdartistes.org/artistes/reno
www.ielociunpiemeties.lv
www.kartondesign.com
www.kidsgallery.fr
www.leokempf.com

www.mobilier-orika.com
www.molodesign.com
www.parsydebonsdesign.com
www.pulpo.biz
www.pushdesign.de
www.quartdepoil.com
www.returdesign.se
www.stange-design.de
www.tokujin.com
www.villacarton.nl

Cet ouvrage a été composé en Cholla [Sibylle Hagmann, 1999] de corps 11 sur une maquette de l'atelier Graphithèses.
Achevé d'imprimer le 24 avril 2008 sur les presses de l'imprimerie Delta Color à Nîmes
pour le compte des Éditions Parenthèses à Marseille.
Dépôt légal : mai 2008.

Imprimé en Union européenne.